CONJONCTION INFÉRIEURE DE VÉNUS,

Le 7 Août 1788;

Avec une nouvelle détermination de l'aphélie de Vénus & de son moyen mouvement.

Par M. DE LA LANDE.

CETTE conjonction est une des plus importantes de toutes celles de Vénus, parce qu'elle arrive près de l'aphélie, & cependant elle n'avoit jamais été bien observée qu'une fois; savoir, en 1780 *(Mémoires de l'Académie, 1785, page 259)*. J'étois donc très-impatient d'avoir celle de 1788, pour vérifier mes nouvelles Tables de Vénus, qui sont dans la Connoissance des Temps de 1789. Ce sont les seules qui représentent bien les conjonctions inférieures observées jusqu'ici avec le plus de soin; & comme ces observations sont les plus concluantes, & les plus propres à faire juger de l'exactitude des Tables, j'ai lieu de croire les miennes aussi exactes qu'il est possible de les avoir jusqu'à présent.

Cette conjonction de 1788 est arrivée dans le temps que je visitois les grands observatoires d'Angleterre; j'ai eu la satisfaction de l'observer le 3 Août, avec Milord Duc de Marlborough, le plus illustre amateur de l'astronomie, dans le bel observatoire qu'il a consacré à l'astronomie, dans son superbe château de Blenheim. Le lendemain 4, j'observai Vénus avec M. Hornsby, qui possède les plus grands & les plus beaux instrumens, dans le nouvel observatoire d'Oxford, bâti avec autant de magnificence que de commodité. Le 8, j'allai à l'observatoire royal de

A

Greenwich ; pour obſerver Vénus avec M. Maskelyne , aſtronome royal d'Angleterre , mais le ciel fut couvert. Au reſte, ils ont bien voulu m'envoyer tous les trois les obſervations des jours qui ont précédé ou ſuivi la conjonction, & je les rapporterai ci-après.

J'ai reçu auſſi des obſervations de M. Cagnoli, faites à Vérone, de M. de Ceſaris à Milan, de M. Mateucci à Bologne, de M. Chiminello à Padoue. Je les avois priés tous de s'y rendre attentifs, de peur que le mauvais temps ne nous privât en France & en Angleterre de cette importante obſervation ; mais elle a réuſſi par-tout, & ce ſera pour l'avenir une baſe de la théorie de Vénus, & de toutes les recherches qu'on pourra faire pour l'orbite de cette planète.

Je me ſuis ſervi des nouvelles Tables du Soleil que M. de Lambre vient de calculer avec un ſoin & une exactitude inconnus juſqu'à préſent, les obſervations même que je rapporte en prouvent l'exactitude.

Voici l'erreur de ces Tables par le moyen des paſſages du Soleil & de pluſieurs étoiles obſervés à Greenwich & à Oxford. Les longitudes obſervées ſont pour le midi vrai du lieu où l'obſervation a été faite.

1788.	LONGITUDE observée à midi.				EXCÈS du calcul.		
	S.	D.	M.	S.	S.		
3 Août.	4	11	41	2,2	— 0,2	Greenwich.	Procyon, Pollux, l'Épi.
4	4	12	38	38,4	+ 6,9	Oxford.	*Arcturus.*
12	4	20	19	15,0	+ 2,4	Greenwich.	Procyon, Pollux.
12	4	29	19	28,5	+ 0,8	Oxford.	β Taureau, α Orion, Procyon.

Au reſte, l'erreur de ces Tables, vérifiée ſur plus de trois cents obſervations de M. Maskelyne , ne va jamais à 10″.

Observations faites au château de Blenheim, par Milord Duc de Marlborough.

		PASSAGE au méridien en temps de la pendule.	DISTANCE au zénith du Bord supérieur de Vénus.	Baromèt.	Therm. intér.	Therm. extér..
1.er Août.	α d'Orion....	5^h 44′ 2″,5				
2	Vénus, 1.er bord.	9. 18. 46,98	43^d 9′ 14″,9	30^P 15	$65^d \frac{2}{3}$	$66^d \frac{1}{3}$
	α de la Couronne.	15. 26. 3,50				
	α du Serpent...	15. 34. 11,22				
	La Chèvre....	5. 1. 23,90				
	Rigel........	5. 4. 40,75				
	β du Taureau...	5. 13. 14,40				
	α d'Orion....	5. 44. 1,60				
	Pollux.......	7. 32. 38,60				
3 Août.	Vénus, 1.er bord.	9. 16. 23,04	43. 8. 50,7	30. 14	$69 \frac{1}{2}$	73.
	α de la Cour. B.	15. 26. 2,54				
	La Chèvre....	5. 1. 23,10				
	Rigel........	5. 4. 39,90				
	β du Taureau...	5. 13. 13,50				
	Castor.......	7. 21. 21,50				
	Pollux.......	7. 32. 37,80				
4 Août.	♀ premier bord.	9. 13. 55,65	43. 7. 52,4	30. 10	72.	78.
	α de la Cour. B.	15. 26. 1,60				
6	Vénus, 1.er bord.	9. 8. 55,00	43. 3. 19,3	29. 89	62.	$61 \frac{1}{2}$
	α de la Cour. B.	15. 26. 00,40				

La différence des méridiens entre Paris & Blenheim est de 14′ 45″ qu'il faut ajouter au temps de Blenheim pour avoir celui de Paris.

L'erreur du mural est de 8″,2 qu'il faut ôter des distances au zénith.

La latitude de Blenheim est de 51^d 50′ 26″,0 nord.

Nous parlerons ci-après du baromètre & du thermomètre.

Observations faites à Oxford, par M. Hornsby.

	TEMPS de la pendule.		DISTANCES au zénith.	Baromèt.	Therm.	Therm.
1.er Août.	4h 23′ 53″55	Aldebaran.....	35d 41′ 7″,8	30p 32.	57d	64d
	5. 4. 27,64	Rigel.......				
	5. 13. 1,11	ß du Taureau...				
	5. 43. 48,47	α d'Orion.....	44. 23. 52 Bord inférieur.	30. 32.	60.	64¼
2 Août	8. 52. 49,32	Centre du Soleil.	34. 27. 24,4 Bord supérieur.	30. 33.	65¼	67
	9. 18. 33,33	Vénus, 1.er bord.	43. 4. 43,1	30. 33.	65¾	67½
	13. 14. 9,49	L'Épi.......				
	14. 6. 6,29	*Arcturus*......				
	4. 23. 52,58	Aldebaran.....	35. 41. 9,9	30. 29.	58.	64
	5. 4. 26,77	Rigel.......				
	5. 43. 47,42	α d'Orion.....				

La pendule retarde de 0″,92 par jour.

	TEMPS de la pendule.		DISTANCES au zénith.	Baromèt.	Therm.	Therm.
3 Août	14h 6′ 5″,65	*Arcturus*......				
	4. 23. 50,90	Aldebaran.....	35d 41′ 10″,9	30. 27.	61.	65¾
	5. 4. 25,13	Rigel.......				
	5. 12. 58,43	ß du Taureau...				
	5. 43. 45,64	α d'Orion.....	44. 23. 55,	30. 27.	65.	67¼
4	9. 0. 29,42	Centre du Sol..	Bord supérieur.			
	9. 13. 40,89	Vénus, 1.er bord.	43. 3. 26,9	30. 25½	75¼	71.
	14. 6. 3,43	*Arcturus*......				

La pendule retarde de 1″,62 par jour ; on l'a changée après cette observation.

	TEMPS de la pendule.		DISTANCES au zénith.	Baromèt.	Therm.	Therm.
11 Août	5h 12′ 42″,21	ß du Taureau...				
	5. 43. 29,30	α d'Orion.....				
	7. 27. 58,70	Procyon......				
	8. 53. 44,42	Vénus, 2.d bord.	42d 29′ 11″,2	29. 72.	68.	64¾
12 Août	9. 30. 41,25	Centre du Sol..				
	4. 23. 36,30	Aldebaran.....	35. 41. 7,0	29. 41.	50	63¼

	TEMPS de la pendule.		DISTANCES au zénith.	Baromèt.	Therm. Intér.	Ther. extér.
2 Août	5^h 4' 10",39	Rigel.......				
	5. 12. 44,12	β du Taureau...				
	5. 43. 31,43	α d,Orion.....	44^d 23' 52",0	29^p 40.	$61^d\,\frac14$	64^d
	7. 28. 0,60	Procyon.....				
	8. 51. 30,42	Vénus, 2.^{d} bord.	42. 22. 19,1 b.sup.	29. 38.	$66\,\frac34$	$66\,\frac13$
3	8. 49. 21,48	Vénus, 2.^{d} bord.	42. 15. 8,3	29. 19.	$61\,\frac14$	$62\,\frac34$

La pendule avance de 1",98 par jour.

	TEMPS de la pendule.		DISTANCES au zénith.	Baromèt.	Therm. Intér.	Ther. extér.
4 Août.	14. 5. 51,40	*Arcturus......*				
	4. 23. 38,84	Aldebaran.....	35. 41. 6,8	29. 43.	$54\,\frac23$	$59\,\frac12$
	5. 12. 46,74	β du Taureau...				
	5. 43. 33,53	α d'Orion....	44. 23. 53,1 Bord supérieur.	29. 48.	$57\,\frac23$	$60\,\frac13$
	8. 47. 16,99	Vénus, 2.^{d} bord.	42. 7. 35,9 Bord inférieur.	29. 44.	62.	$62\,\frac34$
5	9. 42. 1,34	Centre du Soleil.	38. 13. 19,0	29. $44\,\frac12$	$62\,\frac34$	64.
	14. 5. 51,17	*Arcturus.....*				
	4. 23. 38,28	Aldebaran.....	35. 41. 5,8	29. 56.	$54\,\frac34$	$59\,\frac13$
	5. 4. 12,52	Rigel.......				
	5. 12. 46,05	β du Taureau...				

La pendule retarde de 0",60 par jour. Les observations suivantes ont été faites avec une autre pendule.

	TEMPS de la pendule.		DISTANCES au zénith.	Baromèt.	Therm. Intér.	Ther. extér.
8 Août.	5. 4. 10,34	Rigel........				
	5. 12. 43,86	β du Taureau...				
		α d'Orion.....	44. 23. 51,2.	29. 52.	57.	61.
	6. 35. 36,67	*Sirius........*				
	7. 28. 0,15	Procyon.....				
9	9. 56. 52,34	Centre du Soleil.	39. 30. 51,0 b.inf.	29. 50.	$65\,\frac14$	$64\,\frac23$
	5. 43. 31,31	α d'Orion.....				
	6, 35. 35,98	*Sirius........ //*				
	8. 38. 43,13	Vénus, 2.^{d} bord.	41. 26. 44,1 b.sup.	29. 69.	$61\,\frac34$	$64\,\frac14$
10	10. 0. 34,01	Centre du Soleil.	39. 19. 0,3 b.sup.	29. 69.	$69\,\frac34$	$65\,\frac14$

La pendule retarde de 0",75 par jour.

Les centièmes de secondes que l'on voit dans les temps des passages, sont donnés par le milieu, que **M.** Hornsby prend toujours entre cinq fils, dont les deux qui précèdent le méridien & les deux qui le suivent sont réduits au milieu. Les distances au zénith sont affectées de l'erreur du mural; mais les distances des étoiles au zénith suffisent pour la trouver. La hauteur du baromètre est en pouces Anglois & centièmes de pouces; 29 pouces font 27 p. 2 lignes 56 de France, & les 30 pouces font 28 p. 1 li. 79. Les degrés du thermomètre Anglois font tels, que 60 répondent à 12 ½ du thermomètre François, & 75 à 19 du nôtre. La latitude d'Oxford est 51ᵈ 45′ 40″; & il est 0ʰ 14′ 22″ à l'occident du méridien de Paris.

Observations faites à Greenwich, par M. Maskelyne, Astronome Royal d'Angleterre.

	PASSAGE en temps de la pendule.		DISTANCES au zénith, observées.
	H. M. S.		D. M. S.
Le 2 Août.	7. 28. 19,24	Procyon.	
	7. 32. 27,10	Pollux.	
3	8. 56. 41,97	Centre du Soleil.	
	9. 16. 12,60	Vénus, 1.ᵉʳ bord.	42. 46. 53.2. b. supér.
	13. 14. 11,18	L'Épi de la V. . .	Réfract. 51,9.
	14. 6. 8,20	*Arcturus*.	
	La pendule avance de 0″,32 par jour.		
Le 10 Août.	8. 56. 29,98	Vénus, 2.ᵈ bord.	42. 17. 55,9 b. supér.
11	9. 27. 18,16	Centre du Soleil.	Réfract. 51,1.
	17. 25. 19,00	α *d'Ophiucus* . . .	
	4. 23. 58,99	Aldebaran.	
	6. 36. 59,48	*Sirius*.	
	7. 21. 14,82	Castor.	
	7. 28. 23,32	Procyon.	
	7. 32. 31,16	Pollux.	
	8. 54. 9,16	Vénus, 2.ᵈ bord.	42. 11. 45. b. supér.
Le 12	9. 31. 4,98	Centre du Soleil.	Réfract. 50,3.
	La pendule avance de 0″,37 par jour.		

Il faut ajouter 4″,2 à toutes les diſtances au zénith que donne le mural.

La latitude eſt de 51ᵈ 28′ 40″, la différence des méridiens, 9′ 21″ par le réſultat des triangles que M. le général Roy venoit de terminer, & qu'il m'a communiqué en Angleterre.

J'ai calculé une partie des obſervations précédentes, & je les ai comparées avec le calcul fait ſur mes Tables ; on en voit ici l'erreur, c'eſt-à-dire, ce qu'il faut ôter du calcul ou y ajouter pour avoir le lieu obſervé.

1788.	TEMPS MOYEN, à Paris.	LONGITUDE GÉOCENTRIQUE, obſervée.	LATITUDE GÉOCENTR. obſervée.	ERREURS DES TABLES, en long.	en latit.	LIEUX des Obſervations.
	H. M. S.	S. D. M. S.	D. M. S.	S.	S.	
2 Août.	0. 46. 11	4. 19. 18. 57½	6. 42. 05½ A	— 14	+ 22	à Blenheim.
3	0. 34. 30	4. 18. 45. 6½	6. 52. 21	14	+ 9½	à Greenwich.
4	0. 33. 8	4. 18. 9. 52	7. 2. 34	19	+ 31	à Oxford.
6	0. 20. 43	4. 16. 57. 18½	7. 20. 5	23	+ 25	à Blenheim.
10	23. 43. 20	4. 13, 53. 7½	7. 50. 17½	35	+ 16	à Greenwich.
11	23. 42. 3	4. 13. 17. 34½	7. 54. 7	31½	+ 25½	à Oxford.
12	23. 35. 52	4. 12. 43. 6½	7. 56. 43½	24	+ 31	à Oxford.
14	23. 23. 45	4. 11. 37. 51½	7. 59. 46	31	+ 29	à Oxford.

Pour déduire de ces obſervations le temps de la conjonction, j'ai ſuppoſé l'erreur moyenne 24″ en longitude, que j'ai ôtées des lieux calculés les 6 & 10 ſans aberration, & comptés de l'équinoxe moyen ; je les ai comparés aux lieux du Soleil corrigés par l'aberration, & comptés auſſi de l'équinoxe moyen, & j'ai trouvé la conjonction vraie le 7, à 12ʰ 34′ 4″ temps moyen à Paris, la longitude, 10ˢ 16ᵈ 0′ 51″.

M. de Ceſaris, dans les Éphémérides de Milan pour 1790, rapporte les obſervations de cette conjonction avec le calcul qu'il en a fait, & il trouve la conjonction, le 7 à 13ʰ 3′ 42″, temps moyen à Milan ; la longitude héliocentrique vraie étant 10ˢ 16ᵈ 0′ 51″ *(page 80)*. Il a eu égard à l'aberration & à la nutation pour le Soleil & pour Vénus.

La latitude de Vénus calculée par les Tables, fuppofe l'inclinaifon, 3ᵈ 23′ 20″ comme elle étoit dans mes Tables de 1771 ; mais elle m'a paru de 3ᵈ 23′ 35″ par plufieurs obfervations *(Mémoires 1785, p. 266)*: ainfi il y auroit 14″ de plus pour la latitude héliocentrique, 36″ de plus pour la latitude géocentrique. En calculant cette latitude par les Tables, je trouve pour l'heure de la conjonction, 7ᵈ 31′ 2″ ; & fuppofant l'erreur de 21″, j'ai pour la latitude obfervée, 7ᵈ 31′ 23″. Suivant cette obfervation, il y auroit 5″ à ôter de l'inclinaifon 3ᵈ 23′ 35″ que j'avois trouvée par les obfervations des dernières conjonctions de Vénus, & l'inclinaifon feroit de 3ᵈ 23′ 30″. M. Bugge trouve l'inclinaifon par les obfervations, de 1781, 3ᵈ 23′ 39″ ; par celles de 1783, 41″ ; par celles de 1786, 36″ ; par le milieu de trente obfervations faites en différentes années, 3ᵈ 23′ 39″. Elle eft dans mes Tables, 3ᵈ 23′ 35″.

Le mouvement de Vénus n'étant pas uniforme dans un intervalle de cinq jours, il ne fuffifoit pas d'une fimple proportion pour trouver la conjonction ; & lorfque je l'ai eu trouvée de cette manière j'ai recalculé le lieu du Soleil & de Vénus, pour tenir compte de l'inégalité du mouvement de Vénus d'un jour à l'autre aux environs de la conjonction.

Pour la bien connoître j'ai pris les paffages au méridien obfervés à Greenwich le 3 & le 10, j'en ai conclu les intermédiaires par les obfervations de M. Cagnoli, & j'ai calculé par les Tables le lieu de Vénus pour chaque jour à l'heure du paffage au méridien de Greenwich, & la latitude géocentrique auffi par les Tables, qui fuppofent l'inclinaifon de 3ᵈ 23′ 20″. Ces latitudes devroient être augmentées d'environ 30″, ou l'inclinaifon de 15″.

TEMPS

TEMPS MOYEN, à Paris.				DIFF.	LONGITUDE géoc. observée.				Mouvem.	II.de différ.	LATITUDE géocentriq.			Mouvem. latit.
	H.	M.	S.	M. S.	S.	D.	M.	S.	M. S.	S.	D.	M.	S.	M. S.
3 Août,	0.	34.	34		4.	18.	45.	20			6.	52.	12	
4	0.	28.	13	6. 21	4.	18.	10.	18	35. 2		7.	2.	3	9. 51
5	0.	21.	49	6. 24	4.	17.	34.	22	35. 56	54	7.	11.	10	9. 7
6	0.	15.	23	6. 26	4.	16.	57.	49	36. 33	47	7.	19.	40	8. 30
7	0.	8.	57	6. 26	4.	16.	20.	52	36. 57	14	7.	27.	19	7. 39
8	0.	2.	31	6. 26	4.	15.	43.	42	37. 10	14	7.	34.	18	6. 59
8	23.	56.	6	6. 25	4.	15.	6.	43	36. 59	11	7.	40.	20	6. 2
9	23.	49.	42	6. 24	4.	14.	30.	3	36. 40	19	7.	45.	38	5. 18
10	23.	43.	20	6. 22	4.	13.	53.	49	36. 14	36	7.	50.	2	4. 24
11	23.	37.	3	6. 17	4.	13.	18.	13	35. 36	38	7.	53.	35	3. 33
12	23.	30.	52	6. 11	4.	12.	43.	43	34. 30	66	7.	56.	18	2. 43

Cette Table fuffit pour faire voir qu'on ne peut déduire exactement une conjonction de Vénus par des obfervations éloignées de plufieurs jours, fans avoir égard à l'inégalité du mouvement ; elle fervira auffi dans d'autres conjonctions femblables.

L'erreur des Tables étant — 24″ en longitude, elle eft + 9″ fur le lieu vu du Soleil aux environs de l'aphélie ; elle étoit + 22″ en 1787 aux environs du périhélie, ou — 8″ fur la longitude héliocentrique ; cela fembleroit indiquer une augmentation de 11′ à 12′ à faire dans le lieu de l'aphélie de Vénus, que j'avois employé dans mes Tables (*Connoiffance des Temps 1789*), où j'ai fuppofé pour 1788, 10^f 24^d 26′ 47″. En effet, en diminuant l'excentricité & l'époque, on produiroit le même effet dans les deux conjonctions, tandis que l'erreur s'eft trouvée en fens contraire. Ainfi la correction me paroît devoir tomber uniquement fur le lieu de l'aphélie ; & comme ces deux conjonctions ont été obfervées & calculées avec un foin qu'on n'y avoit jamais mis, je crois qu'elles fuffifent pour établir très-bien le lieu de l'aphélie de Vénus.

B

Mais voyant que ces obſervations s'accordoient auſſi-bien, j'ai voulu y mettre un dernier degré de préciſion, en employant les perturbations que Jupiter a produites ſur Vénus, dont j'avois donné le calcul (*Mém. de l'Académie* 1760). J'ai trouvé qu'il falloit appliquer au calcul — 1″,6 dans la première, & —+— 3″,1 dans la ſeconde. Par-là les erreurs ſe réduiſent à 6″, qui font 8′ ſur le lieu de l'aphélie, & il devient pour 1788, 10ˢ 8ᵈ 26′ ½ ; c'eſt ainſi que je l'emploie dans les Tables de la troiſième édition de mon Aſtronomie.

Je finirai en rapportant quelques obſervations qui m'ont été envoyées par M. Bugge, habile aſtronome de Copenhague, & qui ſervent à conſtater l'exactitude de mes Tables, même avant les dernières corrections.

TEMPS MOYEN, à Copenhague.			LONGITUDE obſervée.				LATITUDE obſervée.			ERREURS des Tables.	
	H.	M.	S.	S.	D.	M.	S.	D.	M.	S.	Long. S.	Latit. S.
1788. 5 Mai	3.	0.	31	3.	29.	18.	36	2. 42. 0			+ 31	+ 25
6	3.	1.	24	3.	0.	23.	39	2. 43. 15			20	22
7	3.	2.	17	3.	1.	28.	43	2. 42. 22			27	17
9	3.	4.	4	3.	3.	38.	2	2. 46. 26			33	41

SUR LA PARALLAXE DE LA LUNE.

QUATRIEME MÉMOIRE *.

Par M. DE LA LANDE.

Les obſervations de la Lune faites par M. de la Caille au cap de Bonne - Eſpérance , & par moi à Berlin, en 1751 & 1752 , me ſervirent alors à déterminer la parallaxe de la Lune, & ce fut la première détermination exacte que l'on eût de cet élément aſtronomique ; j'en conclus la conſtante pour Paris , 57′ 3″,3 *(Mémoires de l'Académie 1756, page 378) ;* mais la figure de la terre influe un peu ſur ces réſultats, & il eſt néceſſaire d'y revenir, actuellement que l'on connoît mieux les dimenſions du ſphéroïde terreſtre.

Je ſuppoſois en 1756 , avec M. Bouguer , que l'aplatiſſement de la terre étoit $\frac{1}{179}$, & que la courbe du méridien étoit déterminée par les trois degrés meſurés au Pérou, en France & au cercle polaire , avec des accroiſſemens proportionnels aux quatrièmes puiſſances des ſinus des latitudes. J'avois parcouru auſſi d'autres hypothèſes ſur les dimenſions du ſphéroïde ; mais la conſtante 57′ 3″,0 étoit fondée ſur cette hypothèſe , & c'eſt celle dont Mayer , Clairaut & la Caille firent uſage.

Un plus grand nombre de degrés meſurés depuis ce temps-là, des expériences ſur la peſanteur ou ſur le pendule ſimple, faites en divers climats, des recherches ſur la théorie hydroſtatique de la figure de la terre , nous ont appris que l'aplatiſſement de la terre étoit beaucoup moindre ; & j'ai trouvé moi-même qu'on devoit tout au plus le ſuppoſer de $\frac{1}{300}$ *(Mémoires de l'Académie 1785).*

---

* Les trois premiers ſont dans les volumes de 1752 , 1753 & 1756.

Or, les mêmes obfervations qui me donnoient 57′ 3″,3 pour la parallaxe moyenne, ne me donnent plus que 56′ 57″ quand je les calcule dans cette nouvelle hypothèfe. C'eft ce que je vais prouver par un exemple tiré de mes anciens calculs, & refait avec les nouveaux élémens.

Le degré de l'équateur & celui de Paris s'accordant affez bien avec cet aplatiffement de $\frac{1}{300}$, je me fervirai de ces degrés pour en déduire les dimenfions du nouveau fphéroïde; il fuffit de les changer de 7 toifes, & de fuppofer 56746 vers l'équateur, & 57076 toifes à 49^{d} 23′ de latitude. Suppofant que les accroiffemens des degrés font comme les carrés des finus des latitudes, on aura le dernier degré 57319. Les rayons de ces deux degrés étant 3251307 toifes, & 3284136, le tiers de la différence 10943, fera la différence des rayons, & l'on aura pour le rayon de l'équateur 3273193, & pour le demi-axe 3262250 toifes.

Les latitudes de Berlin & du cap de Bonne-Efpérance, 52^{d} 31′ 13″, & 33^{d} 55′ 12″, donnent pour les rayons des fphéroïdes 3266302 & 3269785; les angles des verticales étant comme les finus des latitudes doubles feront 11′ 4″ & 10′ 37″. Tout ceci n'eft qu'une approximation, mais elle eft facile & fuffifante dans cette matière; il n'y a que 5 toifes d'erreur fur le dernier degré & 15 fur le rayon, & il faudroit environ 955 toifes pour faire 1″ de parallaxe.

Cependant j'ai voulu voir ce que donneroit un calcul rigoureux de l'ellipfe qui a $\frac{1}{300}$ pour aplatiffement, en partant du 1.er degré qui eft coupé par l'équateur, & de celui de 49^{d} 23′; il faut, pour avoir l'excès d'un autre degré, employer l'expreffion $3\,a\,d\,\text{fin.}^{2}\,L + \frac{15}{2}\,a^{2}\,d\,\text{fin.}^{4}\,L$, dans laquelle a eft l'aplatiffement, d le degré de l'équateur, L la latitude du lieu pour lequel on cherche le degré (*M. Ca noli, Trigonom. p. 408*). Le dernier terme que l'on néglige dans la première approximation, n'eft que 5 toifes pour le pole.

Si l'on nomme D la longueur du degré de Paris, on a

$$a \left(1 - \tfrac{1}{2} a \right) = \frac{1 - \left(\frac{d}{D} \right)^{\frac{1}{2}}}{2 \text{ fin.}^2 L} \; ; \; \text{ j'en ai conclu qu'en}$$

fuppofant les degrés 56747,0 & 57075,1 , c'eft-à-dire , avec un changement de 6 toifes, on avoit l'aplatiffement de $\frac{1}{300}$, tel que je le fuppofe en nombres ronds.

Le rayon de courbure dans une ellipfe au fommet du grand axe , eft égal au carré du petit axe, quand on prend pour unité le demi-grand axe ; or, le carré du petit axe eft donné par l'aplatiffement de la terre en fraction du grand axe ; & puifqu'il eft connu en toifes par la mefure du premier degré, on aura le petit demi-axe en toifes 3262237, l'aplatiffement 10911, le rayon de l'équateur 3273148.

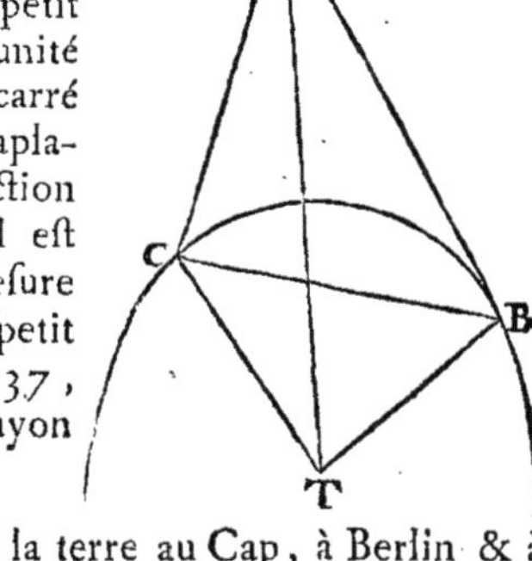

Pour avoir les rayons de la terre au Cap, à Berlin & à Paris , b étant le demi-petit axe, & e l'excentricité de l'ellipfe, en forte que $b^2 = 1 - e^2$, on a le rayon $1 - \tfrac{1}{2} e^2 b^2$ fin.$^2 L - \tfrac{5}{8} e^4$ fin.$^4 L$ (*M. Cagnoli, page 412*). Ainfi le rayon au Cap fera 3269770, à Berlin 3266298, & à Paris, 3266986; les angles de la verticale 10' 37", & 11' 5",7.

Soit T le centre de la Terre, L la Lune, C le Cap, B la place de Berlin, l'angle BCT fera de 46^d 55' 41",5 l'angle CBT 46^d 59' 36",1 , la diftance BC a pour logarithme 66494177.

Suppofons la diftance du centre de la Lune au zénith du Cap, le 24 Août 1752, 28^d 9' 6", corrigée de la réfraction, & l'angle BLC déduit de l'obfervation du Cap comparée à celle de Berlin 1^d 13' 28",5 (*Mém. de l'Acad. 1753, page 104)*; cela suffit pour en conclure la distance TL de la Lune ; & le rayon de la Terre pour Paris étant de 3266986, il s'enfuit que la parallaxe horizontale est de 55′ 16″,2 pour ce jour-là.

Dans l'hypothèse de Bouguer, nous avons le rayon de l'équateur 3281013 toises, le demi-axe 3262688, TC 3276130, BT 3270385, la distance BC 4458025, les angles des verticales 19′ 33″,5 & 16′ 27″,5 ; l'angle C 47ᵈ. 1′. 33″. ⅓, & l'angle B 47ᵈ 8′ 2″ ⅖. Le rayon pour Paris étant de 3271581 *(Mém. de l'Acad. 1752, page 106)*, je trouve la parallaxe 55′ 22″,4 plus grande de 6″,2 que dans ma nouvelle hypothèse.

J'ai calculé de même l'observation du 3 Décembre 1751 *(Mémoires de l'Académie 1752, page 91)*, où la distance de la Lune au zénith du Cap fut observée de 31ᵈ 44′ 35″,7, & l'angle L de 1ᵈ 22′ 43″,2 ; cela donne pour Paris 61′ 19″,1 & 61′ 12″,1 : la différence des deux hypothèses est 7″,0.

Ces deux différences donnent pour la parallaxe moyenne 6″,4 & 6″,5, ainsi la moyenne est 56′ 56″ & 8 ou 9 dixièmes. On peut donc supposer la constante pour Paris, 56′ 57″ pour l'équateur, 57′ 3″,7 ; & pour le pôle, 56′ 51″,9.

Cela suppose le résultat moyen que j'avois tiré de toutes mes comparaisons d'observations, & qui étoit de 57′ 3″,3 dans l'hypothèse de Bouguer : il est d'accord, à une ½ seconde près, avec celui que la Caille avoit tiré des comparaisons semblables *(Mémoires de l'Académie 1761)* ; car son résultat revient à 56′ 57″,4, en le réduisant à la même hypothèse. M. du Séjour trouve 57′ 0″, c'est-à-dire, 3″. de plus *(Mémoires de l'Académie 1782, p. 343, Traité analytique, page 547)* ; & c'est à cela que revient aussi la Table de Mayer. Telle est l'incertitude que laissent des observations qui n'étoient pas faites avec d'aussi bons instrumens que ceux qu'on pourroit y employer aujourd'hui ; mais comme l'on n'a point fait depuis 1752 d'obſervations qui puiſſent tenir lieu de celles que je viens de rapporter, nous ne pouvons que faire uſage de celles que nous avons, & il me paroît que la conſtante 56′ 57″, pour Paris, eſt celle qui les repréſente le mieux.

Cependant pour prendre un milieu entre les réſultats de la Caille, ceux de M. du Séjour & les miens, j'ajouterai 1″,3 , & je ſuppoſerai 56′ 58″,3 pour Paris, 56′ 53″,2 ſous le pôle, & 57′ 5″,0 pour l'équateur.

La parallaxe qui répond au rayon moyen de la terre eſt plus grande de 2″,6 que cèlle de Paris ; elle eſt de 57′. 0″,9, je l'emploîrai de 57′. 1″.

M. de la Place eſt perſuadé qu'on pourroit diminuer encore cet aplatiſſement de la terre , & le réduire à $\frac{1}{321}$; cela produiroit encore une diminution de $\frac{4}{10}$ de ſeconde dans la parallaxe (*Mémoires de l'Académie 1783, page 23*), mais je m'en tiens au réſultat que j'ai trouvé par les dernières expériences du pendule , & la comparaiſon de tous les degrés faite par M. Boſcovich. D'ailleurs, nous ſuppoſons toujours ici que la figure de la terre eſt elliptique & régulière , ſuppoſition qui ne ſauroit être bien rigou-reuſe , & qui laiſſera toujours une petite incertitude dans la parallaxe.

Mais la diminution de 6″ que je viens de faire à la parallaxe , étoit aſſez importante pour mériter d'être ex-pliquée ici, & pour entrer dans les Tables de Mayer, que je fais réimprimer dans la troiſième édition de mon Aſtro-nomie. La Table de Mayer a été auſſi calculée par M. de Lambre , parce qu'elle n'étoit pas tout-à-fait conforme à l'excentricité qui réſulte de l'équation de la Lune employée dans les mêmes Tables, & qui eſt de 6ᵈ 18′ 31″,6. Cette équation ſuppoſe l'excentricité 0,05503568, & il paroît que Mayer avoit ſuppoſé 0,05454, en calculant ſa Table des parallaxes, ce qui donne pour l'apogée 54′ 13″,5 au lieu de 54′ 13″,0 que l'on trouve dans la Table. Au reſte , il eſt poſſible qu'il ait calculé ſa Table par une méthode peu exacte, & ſe ſoit trompé d'une demi-ſeconde ſur la parallaxe apogée; mais la nouvelle Table ſera plus conforme & à l'excentricité que l'on admet actuellement, & à la parallaxe dont j'ai donné la valeur dans ce Mémoire.

MÉMOIRE

MÉMOIRE

SUR LE DIAMÈTRE DE LA LUNE.

Par M. DE LA LANDE.

QUOIQUE tous les élémens de la Lune aient été difcutés plufieurs fois, on n'a point encore publié d'obfervations calculées & de réfultats détaillés fur la quantité du diamètre apparent de la Lune, & fur fes variations obfervées avec de grandes lunettes. Cette matière m'a paru digne d'être examinée en détail, & je vais rapporter ici plufieurs obfervations avec les conféquences qui en réfultent.

Lorfque j'eus déterminé, en 1752, la parallaxe de la Lune, par la comparaifon de mes obfervations avec celles que M. de la Caille avoit faites au cap de Bonne-Efpérance, je donnai le rapport entre la parallaxe & le diamètre de la Lune, & j'annonçai en 1762 dans la Connoiffance des Temps pour l'année 1764, *page 201*, & dans la première édition de mon Aftronomie, *page 663*, que j'avois reconnu en même temps que le diamètre horizontal de la Lune étoit à fa parallaxe pour Paris, comme 30′ eft à 54′ 56″, en comparant avec ces parallaxes les diamètres de la Lune que j'avois obfervés avec un héliomètre de 18 pieds.

Depuis que j'ai diminué l'aplatiffement de la terre, & par conféquent les parallaxes qui réfultoient de nos obfervations, il a fallu changer le rapport dont il s'agit; cela m'a fait voir qu'il falloit pour le diamètre de la Lune des quantités abfolues & des valeurs obfervées que chacun pût appliquer aux parallaxes qu'il croiroit devoir adopter : j'ai donc recherché mes anciennes obfervations des diamètres de la Lune, je les ai recalculées de nouveau, & comparées

C

avec les parallaxes des Tables de Mayer, & l'on en trouvera le réfultat ci-après.

L'héliomètre de 18 pieds dont je me fuis fervi pour ces obfervations, fut le premier inftrument que M. le Monnier demanda pour moi à l'Académie, peu de temps après ma réception en 1753 ; & c'eft par ce célèbre aftronome que je fus dirigé vers l'objet dont je vais rendre compte. L'inftrument fut conftruit avec foin fous fa direction. Nous mefurâmes enfemble, le 19 Juillet 1753, la diftance de 804 toifes, depuis le dernier arbre de la terraffe des Tuileries, jufqu'aux piliers de la porte de la Conférence, au bas de Chaillot (qui ont été démolis en 1789). Je trouvai que quand les verres étoient à la diftance marquée zéro, l'angle étoit 39′ 37″5 , & à trente, plus petit de 11′ 9″,4 ou 28′ 28″,1. En 1757, je changeai l'oculaire, & je trouvai pour zéro, 40′ 3″, & pour 30, 28′ 46″,4 ; les 30 tours valoient 11′ 16″,6, tous les angles étoient augmentés proportionnellement. Je fis alors une Table très-étendue dont je me fers encore, en y faifant la correction néceffaire, comme je le dirai ci-après.

Je m'aperçus enfuite qu'une auffi grande machine tranfportée du lieu de la bafe jufqu'à l'Obfervatoire, pouvoit être fujette à quelques variations ; & lorfque M. de la Condamine m'eut cédé fon obfervatoire au Luxembourg, au-deffus de la porte royale qui donne fur la rue de Tournon, je plaçai des mires à l'autre extrémité de cette longue rue. J'en mefurai la longueur, qui eft de 900 pieds, & je m'en fervis pour déterminer, au mois de Juillet 1760, le diamètre du Soleil, apogée, 31′ 30″,5 (*Mémoires de l'Académie 1760, p. 48*). Cette bafe avoit été mefurée avec un foin extrême, & la lunette dirigée vers le Soleil auffitôt après que j'avois pris l'angle des mires, ne laiffoit aucun foupçon fur le rapport des deux mefures, qui d'ailleurs étoient égales à quelques fecondes près : en forte que les inégalités de la vis ne pouvoient y influer. Enfin je crois encore, même au bout de 30 ans, que l'on n'a pas fait de mefure plus exacte du diamètre du Soleil , ainfi je me fervirai toujours de la mienne.

Je prendrai cette mefure pour terme de comparaifon , & j'y rapporterai celles du diamètre de la Lune faites avec le même inftrument ; mais il y aura quelques incertitudes de plus , à caufe des inégalités de la vis , & de la dilatation d'un tuyau de fer-blanc de 18 pieds de long. Il me parut le 9 Juin 1760 , que quand le thermomètre étoit à la température , il falloit ajouter 3″ aux diamètres mefurés à la chaleur de 20ᵈ, qui étoit fouvent celle que j'éprouvois en mefurant le diamètre du Soleil. Cependant je n'ai pas affez examiné cette équation pour la faire entrer dans mes calculs , & j'ai tâché d'en éviter les inconvéniens , en ne mefurant pas le diamètre du Soleil par un temps trop chaud. Si l'on employoit trois fecondes , les diamètres fuivans s'accorderoit mieux avec ceux du P. la Grange , & avec mon ancienne détermination.

Quoique je regarde ces obfervations comme n'ayant pas chacune plus d'une feconde d'incertitude , on verra cependant des différences de 2 à 3″ dans mes réfultats , parce que outre les fources d'erreurs dont je viens de parler , il y a l'erreur fur la mefure du diamètre folaire , qui fervoit toujours de terme de comparaifon , & que je mefurois de temps à autre. Il y entre auffi une petite erreur fur le temps & la hauteur de la Lune , que je ne marquois pas toujours rigoureufement ; enfin une partie de ces différences pourroit bien venir de ce que la variation des parallaxes ne feroit pas repréfentée par les équations de Mayer , pour toutes les fituations de la Lune avec la préceffion de 2 à 3″.

Quoi qu'il en foit , je ne crois pas même actuellement que l'on ait fait de meilleures obfervations fur les diamètres de la Lune ; les micromètres ordinaires ne comportant pas la même précifion , & étant fujets aux mêmes inconvéniens. M. de la Caille en publia quelques-unes dans les Mémoires de 1761 , mais elles n'étoient faites qu'avec la lunette de 6 pieds de fon fextant , & ils me paroiffent trop grands ;

ainſi je rapporterai ici toutes mes obſervations, que l'on pourra calculer à loiſir ſi l'on n'én fait pas de meilleures. En attendant, je donnerai le réſultat de celles que j'ai calculées. L'ouverture de mes objeƈtifs étoit réduite à 18 lignes pour diminuer l'aberration des verres; les objets y étoient toujours bien terminés.

Pour faire ces évaluations, je prendrai toujours le diamètre du Soleil meſuré le plus près du temps dont il s'agit pour la Lune; ainſi, pour avoir le diamètre de la Lune le 8 Juillet 1761, ou la valeur de 23,50 ſur mon héliomètre, je prends le diamètre du Soleil meſuré le 6 de Juin, de 22,30, qui, ſuivant la Table de 1757, donne 31′40″1; & comme par les diamètres du Soleil que j'ai déterminés en 1760, il ne devoit être que de 31′33″,3, il s'enſuit qu'il faut ôter 6″,8 des valeurs trouvées par cette Table. Elle donne pour 23,50, une valeur de 31′13″,0, ce qui exige à proportion, qu'on ôte 6″,7, & l'on aura 31′6″,3 pour le diamètre obſervé. Il en faut ôter 12″,9, à cauſe de la hauteur de la Lune, & y ajouter 3″,0, à cauſe de la réfraƈtion; il reſte 30′56″,4 pour le diamètre horizontal de la Lune à l'heure de l'obſervation.

J'ai toujours meſuré le diamètre du Soleil horizontalement, pour éviter l'effet de la réfraƈtion, & l'effet oppoſé par lequel il paroît que le diamètre vertical eſt plus grand de 2″ que le diamètre meſuré horizontalement (*Bouguer, Mémoires de l'Académie 1748, page 30*). On verra ci-après que j'ai trouvé le même réſultat.

Pour la Lune, on eſt obligé de meſurer le diamètre entre les pointes du croiſſant ou ſur la ligne des cornes : il faut calculer l'effet de la réfraƈtion ſur le diamètre incliné, & pour cela il faut connoître non-ſeulement la hauteur de la Lune, mais l'angle de la ligne des cornes avec le vertical; quelquefois je l'ai eſtimé à la vue. Lorſque l'on n'a pas eu cette attention, il ſuffit d'examiner ſur le globe quel angle faiſoit le vertical de la Lune avec l'écliptique, ou plutôt avec le grand cercle mené de la Lune au Soleil. Cet angle

(21)

n'exige pas une plus grande précision, à moins que la Lune ne fût très-basse, & il faut éviter d'employer de pareilles observations.

OBSERVATIONS des Diamètres de la Lune, faites avec un héliomètre de 18 pieds, depuis 1755 jusqu'en 1764.

	Heure T. V.	Diam. de la ☽	Haut. de la ☽
17 Juin 1755.	10ʰ 35′	20″,19.	17ᵈ 0′.
	43	20,45	15. 40.
	51	44	14. 20.
18	11. 0	19,66.	
		71.	
	8	19,76 $\frac{1}{2}$	16.
19		19,06 $\frac{2}{3}$	24.
	10. 27	5	23 $\frac{1}{2}$.
	33	18,98	23.
25	10. 52	22,18	13 $\frac{1}{4}$.
26	10. 52	23,97	9.
	58	75.	
	11. 0	82.	
	5	71	10 $\frac{1}{2}$.
		mil. 81.	
27	11. 25	24,89	9.
	28	91	9 $\frac{2}{3}$.
	34	96	10 $\frac{1}{3}$.
28	11. 46	26,18	8 $\frac{1}{2}$.
	50	10.	
	51	25,85	9 $\frac{1}{4}$.
	55	91.	
	57	91.	
4 Juillet	4 $\frac{1}{4}$ diamètr. horiz. du Soleil.	22,80.	
10	6 $\frac{3}{4}$ diamètre de la Lune	22,78.	
		80.	
		80.	

L'oculaire qui étoit de trois pouces s'est cassé, j'en ai pris un de deux pouces, ce qui donne 20 parties de plus.

15 Juillet 1755.	9^h 40′ T. V. Diam. de la ☾ 21″,08.		Haut.
16	8. 45	20,03	22^d. diam. vertic.
17	9 $\frac{1}{4}$	19,78	21. de haut.
		79.	
18	10. 10	91	18.
20	9 $\frac{3}{4}$	20,04	21 $\frac{2}{3}$.
		9	
		10.	
22	9 $\frac{3}{4}$	21,44	18 $\frac{3}{4}$.
		42 $\frac{1}{2}$.	
25	10. 10	24,54	12 $\frac{1}{2}$.
		44.	
		53.	
		mil. 50.	
15 Août	8 $\frac{1}{4}$	20,51.	
		42.	
		38.	
		43.	
16	10.	20,98.	
		21,14. ·	
		4.	
		9	
17	10. 10	21,49 $\frac{1}{2}$.	
	20	56.	
		57.	
20	8 $\frac{3}{4}$	23,32.	
		28 $\frac{1}{2}$.	
		31.	
21	9 $\frac{1}{4}$	24,13 } verticalement.	
		21 }	
		24,15 } horizontalement.	
		2 }	
	10 $\frac{1}{4}$	23,97 verticalement.	
		24,02 horizontalement.	
22	10. 5	92 verticalement.	

22 Août 1755. 10ʰ 5′ T. V. Diam. de la ☾ 24,92. verticalement.

95.

25 ,0.

23 . . . . 9 20. . . . . 26,03.

.06.

24 . . . . 10. 0 . . . . 26,46.

48 ½.

25 . . . . 10. 15 . . . . 27,25.

14.

23.

18.

2.

____

mil. 15.

15 Sept. . . . . 9. 45 . . . . 22,90 deux fois.

16 . . . . 9. 35 . . . . 23,56 deux fois.

17 . . . . 10. 5 . . . . 24,42 presque dans le méridien.

22 . . . . 10. 30 . . . . 26,88 ½ la Lune étoit trop haute.

25 . . . . 10. 9 . . . . 27,67.

64 ½.

10. 12 . . . . 65 ½.

26 . . . . 7. 0 matin . . . . 26,75 . . . . . 41ᵈ de hauteur.

Diamètre du Soleil 3 fois 21,20. Il servira à trouver les valeurs du micromètre pour les observations qui précèdent.

11 Octob . . . 7. 50 . . . . 21,53.

52 . . . . 50.

55 . . . . 56.

15 . . . . 11 ¼ . . . . 25,19.

18 . . . . 9. 56 . . . . 26,51.

19 . . . . 9 ¼ environ . . . . 26,83 . . . . . 35 ½ de haut.

20 . . . . 9 ¼ . . . . 27,22 . . . . . 36.

31 Mai 1756. 8. 0 matin, diam. du Soleil. 22,25 horizontal. Toujours avec l'oculaire de 2 pouces.

19 Oct. 1757. 3. ½ après avoir changé l'oculaire. diamètre du Soleil . . . 20,75.

7 ½ diam. de la Lune égal à celui du Soleil.

20,75 . . . . . 16 ½ haut.

20 Oct. 1757.　　diamètre du Soleil.... 20″,85 ou 2″ moins que le 19, mais je
　　　　　　　　　préfère celui du 20.

　　　　　6ʰ ¼. diamètre de la Lune.. 20,05...... 21ᵈ ¼. haut.

21..........　7 ½................ 19,60...... 24 ½.

22..........　7. 50............... 19,60 comme le 21.
　　　　　　　　　　　　　　　　　　　　　　　27 ⅓.

23..........　9. 42............... 19,65 hauteur. 32 ½.

24..........　10. 30.............. 20,00...... 37 ½.

21 Novemb..　9. 45............... 21,10...... 40.

25..........　　　diamètre du Soleil... 19,95.

17 Mars 1758　2 ¼　............... 20,80.

11 Avril....　8 ¼　diamètre de la Lune.. 23,15...... 24 ½.

13 Mai.....　7 ¾　............... 26,20...... 47 ½.

　　　　　8.　............... 26,35...... 46.

17..........　5 ¾　............... 26,60...... 36.

18..........　7 ¾　............... 25,75...... 39 ½ incl. de 45ᵈ.

19..........　8. 40............... 25,10...... 35 ¼ incl. de 35ᵈ.
　　　　　　　　　　　　　　　　　　　　　　à la vertic.

20..........　9.　,.............. 24,34...... 29 ½ . 45 incl.

21..........　　............... 23,57...... 19... 45.

23..........　6.　oᵗ diamètre du Soleil.. 22,15.

13 Juin....　10 ½　diamètre de la Lune.. 27,15...... 21... 15.

19..........　10 ½　............... 21,61...... 22... 25.

22..........　11.　............... 19,96...... 10 ½. 25.
　　　　　　　　　　　　　　　　92...... 11 ⅓.

9 Juin 1760.　　diamètre du Soleil... 22,35. le Soleil étoit fort chaud.

17..........　　............... 45.

24 & 27....　　............... 22,40. thermomètre à 14 ou 15ᵈ.

18 Juillet...　8. 25. diamètre de la Lune. 25,81...... 22... 20. incl.

22..........　8. 30............... 27,29...... 20 ½. 10.

3 Mai 1761.　　diamètre du Soleil... 20,00...... mais le 7 Mai on a
échancré les verres de l'héliomètre pour observer le passage
de Vénus sur le Soleil, & pouvoir mesurer sa plus courte distance.

5 Juin.....　6.　o du soir, Soleil.... 22,35. diam. horizontalement.
　　　　　　　　　　　　　　60. diam. vertical.

6..........　　diam. horiz. du Soleil. 22,30. celui-ci vaut mieux.

12 Juin

12 Juin 1761.	11^h	0′ diamètre de la Lune..	25″50......		incl. 5 à 6^d.
17........	11,	7...............	27,82.	haut. 16^d $\frac{1}{2}$ envir. 45.
8 Juillet...	8.	53...............	23,50.....	24..... 7 à 8.
Cette observation est marquée comme bien sûre.					
9........	8.	15...............	24,50.....	28	... 0.
10........	7.	50...............	25,55.....	26 $\frac{1}{2}$....	12 env.
11........	8.	45...............	26,45.....	21^d 50′..	15.
22........	11.	45...............	24,72.....	12. 20.. 30.
	12.	23...............	24,33.....	18.	.. 24.
27 Mai 1762.		diamètre du Soleil..	22,54.		
	6.	0. diamètre de la Lune.	19,20.....	28.	.. 35.
28........	8.	38...............	19,10.....	37 $\frac{1}{2}$. ..	30.
2 Juin.....	9.	30...............	22,12............	20.
3........	10.	43...............	23,00............	0.
4........	8.	30...............	24,05.....	16.	.. 45.
1.er Juillet..	6 $\frac{1}{4}$	diamètre du Soleil...	22,83. plus sûr que le 27 Mai.
15 Mars 1764.		diam. du Soleil à midi.	20,75.		
Le diamètre vertical étoit plus grand de deux secondes environ.					
	6.	13. diamètre de la Lune.	19,20.....	31. 45.. 60.
16........	6.	13...............	18,35.....	19. 5.
17........	10.	0...............	17,20.....	37. 5.. 60.
30........		diamètre du Soleil..	21. 07.		horizontalement.

Vers ce temps-là je quittai l'observatoire du Luxembourg pour occuper celui du collége Mazarin, qui étoit malheureusement vacant par le décès de M. de la Caille; & comme il n'étoit pas assez élevé pour y placer mon héliomètre de 18 pieds, je n'ai pas continué ce genre d'observation; l'observatoire que je fis construire ensuite sur la place du Palais Royal & celui que j'ai eu au Collége Royal ont le même inconvénient.

J'y suppléerai par des observations qui me furent envoyées par le P. la Grange, Jésuite de Mâcon, habile astronome; il travailloit alors avec le P. Pézénas à l'observatoire de Marseille. Il fut appelé ensuite à Milan, où il

D

(26)

a dirigé l'obſervatoire pendant pluſieurs années, il eſt mort à Mâcon le 25 Août 1783. On voit dans ces obſervations, non-ſeulement les parties du micromètre, mais encore la hauteur apparente du centre de la Lune, & l'angle que faiſoit le diamètre meſuré, ou la ligne des cornes, avec la verticale, ce qui eſt néceſſaire pour réduire les obſervations. L'inſtrument marquoit ces inclinaiſons.

DIAMÈTRES obſervés à Marſeille, avec le micromètre objectif de SHORT, appliqué à un téleſcope de deux pieds de foyer, par le P. LA GRANGE.

1759.	DIAMÈTRES du Soleil.			1758.	TEMPS vrai à Marſ.	PARTIES du micromètre.			Hauteur du centre.	Ang. de la vertic. & du diam. ſi la lig. des cornes.
	P. Dix." 500."				H. M.				D.	D.
					ſoir.					
Janvier 18	4.	4.	17 ½	Déc. 12	6. 57	4.	4.	4	48 ⅓	32
19 & 20	4.	4.	17	14	6. 34	4.	3.	10	36 ⅓	90
23	4.	4.	16	15	9. 25	4.	2.	42	40 ½	75
27	4.	4.	14	1759.						
28	4.	4.	13 ½	Janvier 2	6. 4	4.	4.	24 ½	17	55
30	4.	4.	14	3	6. 29	4.	4.	37	25	50
31	4.	4.	13	5	6. 7	4.	4.	33	44	28
Février 3	4.	4.	13	6	5. 56	4.	4.	24	50	12
6	4.	4.	11	7	9. 34	4.	4.	6	45 ½	53
7	4.	4.	11	8	5. 48	4.	3.	43	48	27
10	4.	4.	10	9	5. 20	4.	3.	20	38	35
12	4.	4.	10	10	5. 17	4.	3.	2 ½	24 ⅚	40
Mars 2	4.	4.	0 ½	11	5. 36	4.	2.	31 ½	23 ⅓	48
4	4.	4.	0	12	5. 34	4.	2.	1 ½	14 ¼	80
10	4.	3.	46		matin.					
12	4.	3.	44	13	6. 30	4.	1.	40	11 ⅔	90

1759.	DIAMÈTRES du Soleil.	1759.	DIAMÈTRES DE LA LUNE.			
			TEMPS vrai à Marf.	PARTIES du micromètre.	Hauteur du centre.	Ang. de la vertic. & du diam. fu la lig. des cornes.
	P. Dix." 500.'		H. M.		D.	D.
Mars 18	4. 3. 39	Janvier 13	foir. 7. 36	4. 1. 39	25 ⅓	80
Avril 19	4. 3. 24	14	8. 34	4. 1. 21	25 ½	55
20	4. 3. 21	15	9. 5	4. 1. 0 ½	20	25
Mai 19	4. 3. 5 ½	16	10. c	4. 0. 33	19 ⅓	34
20	4. 3. 5 ½	17	matin. 6. 5	4. 0. 37	37	25
Juin 26	4. 2. 47	18	5. 55	4. 0. 35	43	11
27	4. 2. 47	19	5. 56	4. 0. 31 ½	44	0
29	4. 2. 46	20	5. 55	4. 0. 38	43	12
Juillet 6	4. 2. 48	22	6. c	4. 1. 18	33	26
8	4. 2. 48	23	6. c	4. 1. 39	29	31
14	4. 2. 47	25	6. 16	4. 2. 29	17	34
20	4. 3. 0	26	6. 17	4. 2. 47	9	35
Août 10	4. 3. 3	30	foir. 6. 11	4. 4. 33ᵈ	7	58
11	4. 3. 4	31	6. c	4. 4. 47ᵈ	20	56
23	4. 3. 9	Février 1	6. 5	4. 5. 8	31	52
31	4. 3. 12	2	6. 2	4. 4. 48	43	47
Sept. 2	4. 3. 13	3	6. 33	4. 4. 29	50	42
8	4. 3. 18	4	6. 23	4. 4. 9	59	22
16	4. 3. 24 ½	5	6. 34	4. 3. 30	63	0
		6	foir. 6. 24	4. 3. 7	61	23
		7	6. 12	4. 2. 36	53	46
		8	6. 30	4. 2. 15	48	55
		9	5. 36	4. 1. 38	27 ¾	67
		10	6. 16	4. 1. 22	25	77
		11	7. 21	4. 1. 3	26 ½	90
		12	9. 7	4. 0. 48	37	39

DIAMÈTRES DE LA LUNE.

1759.		TEMPS vrai à Marf.		PARTIES du micromètre.			HAUTEUR du centre.	Angles de la vertic. & du diamètre fur la ligne des cornes.
		H.	*M.*				*D.*	*D.*
		foir.						
Février	13	8.	48	4.	0.	32	$15\frac{1}{4}$ . . .	60
Mars	2	7.	30	4.	4.	46	22	64
	3	7.	15	4.	4.	$40\frac{1}{2}$	37	60
	4	8.	39	4.	4.	30	33	60
	6	9.	1	4.	2.	48	53	54
	8	6.	30	4.	2.	$0\frac{1}{2}$	59	57
	9	6.	29	4.	1.	27	50	68
	10	8.	34	4.	1.	14	59	60
	11	9.	3	4.	1.	$0\frac{1}{2}$	54	64
	12	9.	31	4.	0.	41	48	90
	13	9.	11	4.	0.	26	36	5
	14	9.	0	4.	0.	22	24	39
	16	9.	40[d].	4.	0.	16	10	57
		matin.						
	19	5.	58	4.	0.	47	23	15
		foir.						
	31	9.	22	4.	4,	13[d]	. . . .	60
Avril	3	9.	35	4.	2.	47	$40\frac{1}{4}$ . . .	50
	4	9.	28	4.	2.	20	$50\frac{2}{3}$ . . .	45
	5	8.	55	4.	1.	44	$62\frac{1}{2}$ . . .	20
	6	8.	56	4.	1.	21	$63\frac{1}{2}$ . . .	3
	7	7.	5	4.	1.	5	54	55
	8	7.	17	4.	0.	40	$46\frac{1}{2}$ . . .	65
	9	7.	7	4.	0.	29	35	75
	10	8.	40	4.	0.	31	39	70
	11	8.	35	4.	0.	23	29	87
	12	9.	9	4,	0.	23	14	40
		matin.						
	15	4.	49	4.	0.	36	18	30

DIAMÈTRE LA LUNE.				
1759.	TEMPS vrai à Marf.	PARTIES du micromètre.	HAUTEUR du centre.	Angles de la vertic. & du diamètre fur la ligne des cornes.
	H. M.		D.	D.
	matin.			
Avril 16	4. 51	4. 1. 4	20 ½ . . .	24
17	4. 44	4. 1. 24	22 ½ . . .	14
18	4. 41	4. 2. 3	23	5
20	4. 38	4. 3. 6	20 ½ . . .	5
21	4. 31	4. 3. 35	17	11
	soir.			
Mai 2	8. 34	4. 2. 27	46 ½ . . .	41
5	8. 39	4. 1. 3	58	9
6	8. 38	4. 0. 40	55 ½ . . .	25
7	8. 51	4. 0. 36	51	32
8	9. 6	4. 0. 34	45 ½ . . .	41
10	8. 20	4. 0. 37	25	68
11	8. 57	4. 0. 49	20 ½ . . .	90
12	9. 23	4. 0. 46	14 ½ . . .	10
Juin 9	7. 43	4. 1. 27½	17 ½ . . .	58
10	8. 17	4. 1. 33½	6	90
Juillet 1	9. 2	4. 0. 39	29 ½ . . .	18
5	8. 33	4. 1. 7½	31 ½ . . .	16
8	8. 29	4. 2. 14	16	33
9	8. 46	4. 2. 32	11 ½ . . .	40

Le télefcope avec lequel ces obfervations ont été faites, a été décrit dans les *Mémoires rédigés à l'Obfervatoire de Marfeille*, année 1755, feconde partie, *page 96-136*. L'objectif qu'on y plaçoit avoit 38 pieds de foyer, & il groffiffoit 87 fois. Quoique la grandeur de cet inftrument femblât annoncer la précifion des fecondes, & qu'elles fuffent marquées une à une par les divifions, on voit des différences de 3 à 4″ Il y a deux difficultés dans l'ufage de cet inftrument; 1.° il eft des temps où les images paroiffent continuellement ofciller; tantôt elles fe mordent, & tantôt fe féparent. Alors prenant le milieu, & recommençant plufieurs fois, on trouve jufqu'à trois parties du vernier, ou 3″ de différence; il y a des temps où l'on ne remarque point ces ofcillations.

2.° En écartant l'œil à droite & à gauche, on voit auffitôt mordre l'une fur l'autre les images qui fe touchoient; jufque-là qu'en regardant fort obliquement on ne voit plus qu'une feule image; mais en tenant l'œil un peu éloigné de l'ouverture, & voyant alors les deux demi - objectifs, fi l'on a foin de faire en forte que le rayon vifuel dirigé au point de contact foit fur la ligne que parcourent les deux moitiés de verre, on n'aperçoit pas cette variation, foit que ce point de contact foit au milieu du champ ou ailleurs. Si on dirige fon rayon vifuel par une des deux lunettes, alors les images fe mordront dans une partie du champ, & elles fe fépareront dans un autre, & tout variera. On trouvoit quelquefois des différences de 10″; mais on les évitoit en mettant l'œil à la même place & les images au milieu du champ. L'unité d'image d'une étoile fe prend quand les deux points rayonnans d'un côté viennent former un feul point rayonnant de tous côtés.

Lorfqu'on a eu à détacher le micromètre du télefcope, on a toujours trouvé quelque différence, quoique la divifion qui eft près du petit miroir marquât la même chofe; cette différence alloit à 2″ fur le diamètre du Soleil.

Le P. la Grange obfervoit qu'après avoir regardé long-temps dans ce télefcope, les diamètres paroiffoient plus grands. Quand on mefuroit plufieurs fois les diamètres, on trouvoit fouvent les derniers plus grands; mais cela n'alloit guères au - delà de 3 à 4″; probablement cela venoit du changement dans le foyer de l'œil, dont M. l'Abbé Rochon a parlé dans fes Mémoires *(1783, p. 77 & 85).* Les nombres que marque ce télefcope font des pouces

Anglois, des dixièmes de pouces & des 50.es de dixièmes ou 500es de pouces; ainſi 4, 4, 18 ½ valent 2218 ½ parties du vernier: le P. la Grange les ſuppoſoit égales à 32′ 40″. Short avoit gradué l'un des deux anneaux dans leſquels tourne le téleſcope, en ſorte qu'on avoit à 2 ou 3ᵈ près l'angle de la verticale avec la ligne des cornes ; & c'eſt un avantage pour évaluer l'accourciſſement des réfractions ſur les diamètres inclinés : j'en ai donné une Table dans mon Aſtronomie.

Pour évaluer les diamètres de la Lune, j'ai pris pour le mois de Janvier 1759, le diamètre du Soleil 2217,2 $=$ 32′ 33″,7 ; & pour le mois de Mai, le diamètre 2147 $=$ 31′ 30″,5 : il y a une différence d'une ſeconde & demie.

Calcul des Obſervations précédentes.

Pour déterminer le diamètre horizontal de la Lune par mes obſervations, j'en ai choiſi une douzaine parmi celles qui me paroiſſoient les plus exactes, & partant toujours du diamètre du Soleil ſuppoſé connu, j'ai réduit les parties du micromètre. Ainſi, le 28 Juin 1755, je prends le diamètre du Soleil obſervé le 4 Juillet, de 22,80, ce qui fait par la Table étendue, 3′ 28″,9 ; mais il ne devoit être que de 31′ 30″,5 : je vois qu'il faut ajouter 1″,6 à la Table. Or, le diamètre de la Lune 25,91, donneroit par la Table 30′ 18″,9, ainſi j'ai 30′ 20″,5 : j'y ajoute 13″,0 pour l'accourciſſement de la réfraction, & j'en ôte 5″,9 pour l'augmentation qui vient de la hauteur; & j'ai 30′ 17″,6 pour le diamètre horizontal.

J'ai calculé la parallaxe horizontale de la Lune pour Paris, en employant les équations de Mayer, mais en ſuppoſant la conſtante 56′ 57″. On verra dans la Table ſuivante le diamètre horizontal qui répond à chaque parallaxe, & celui qui en réſulte pour une parallaxe de 60′, avec la quantité dont chaque obſervation s'écarte du terme moyen, qui eſt 32′ 47″,3.

OBSERVATIONS de Paris.

		T. moy. à Paris.		Diamètre horiz.		Parallaxe horiz.		Diamètre pour 60'.		Différ. à 47″,3.
		H.	*M.*	*M.*	*S.*	*M.*	*s.*	*M.*	*S.*	*S,*
1755	Juin 28	12.	0	30.	27,6	55.	44,0	32.	47,5	+ 0,2
1755	Sept. 16	9.	30	30.	55,1	56.	36,3		46,4	— 0,9
1755	Sept. 25	10.	2	29.	35,7	54.	5,7		49,5	+ 2,2
1757	Oct. 20	6.	0	32.	22,5	59.	11,2		49,2	+ 2,0
1760	Juil. 18	8.	39	30.	5,8	55.	8,9		44,7	— 2,6
1760	Juil. 22	8.	46	29.	34,1	54.	5,9		47,6	+ 0,3
1761	Juin 17	11.	7	29.	24,2	53.	52,9		44,5	— 2,8
1761	Juil. 8	8.	58	30.	56,4	56.	39,1		46,1	— 1,2
1761	Juil. 9	8.	20	30.	31,7	55.	53,4		46,4	— 1,9
1762	Juin 4	8.	28	30.	57,4	56,	36,4		48,7	+ 1,4
1764	Mars 15	6.	22	32.	27,0	59,	21,7		48,0	+ 0,7
1264	Mars 16	6.	22	32.	53,0	60.	8,2		48,5	+ 1,2

Ainsi par un milieu, le diamètre qui répond à 6o′ de parallaxe pour Paris, est 32′ 47″,3, ou 32′ 46″,6, si l'on prend pour constante la parallaxe 56′ 58″,3 par un milieu entre les résultats de la Caille, de M. du Séjour, & les miens.

Dans les douze observations précédentes on trouve le diamètre 29′ 24″, le plus petit qu'il soit possible d'observer dans aucune position de la Lune, & celui de 32′ 53″, qui ne diffère que de 44″ du plus grand de tous les diamètres lunaires; ainsi elles suffisent déjà pour justifier, du moins à 2 ou 3″ près, les variations que donne la théorie.

Je vais faire actuellement une semblable comparaison sur dix observations du P. la Grange, que j'ai calculées avec le même soin.

OBSERVATIONS

OBSERVATIONS de Marseille.

	T. moy. à Paris.	Diamètre horiz.	Parallaxe.	Diamètre pour 60'.	Différ. à 50",7
	H. M.	*M. S.*	*M. S.*	*M. S.*	*S.*
1759 Janv. 3	6. 22	32. 37,3	59. 28,2	32. 49,6	— 1,1
5	6. 1	32. 24,8	59. 12,0	45,6	— 5,1
6	5. 50	32. 14,7	58. 56,3	53,6	+ 2,9
7	9. 29	32. 0,3	58. 33,7	51,8	+ 1,1
Mai 7	8. 35	29. 31,4	53. 59,5	50,7	0,0
8	8. 50	29. 31,4	53. 56,0	48,5	— 2,2
16	8. 4	29. 41,7	54. 12,9	47,5	— 3,2
Juin 9	7. 20	30. 21,6	55. 22,7	49,5	— 1,2
10	8. 4	30. 31,1	55. 53,2	51,1	+ 0,4
Juil. 8	8. 21	30. 56,7	56. 33,7	54,8	+ 4,1

Ainſi par un milieu; le diamètre qui répond à 60' de parallaxe, eſt 32' 50",7, en rejetant la ſeconde obſervation qui s'écarte le plus des autres, ou 32' 50",0, en prenant pour conſtante 56' 58",3. J'ai été ſurpris de voir $3"\frac{1}{2}$ de différence entre ce réſultat & le mien, & peut-être cela vient-il des inconvéniens que j'ai racontés ci-deſſus en parlant du téleſcope. Peut-être éclairciroit-on cette difficulté en calculant plus d'obſervations. On pourroit croire que le téleſcope terminant moins bien que ma lunette, faiſoit paroître le diamètre plus grand; mais comme je me ſuis ſervi du même diamètre ſolaire pour évaluer les parties du micromètre Anglois, cette différence devroit diſparoître.

Quoi qu'il en ſoit, je m'en tiendrai au réſultat de mes obſervations, & je ſuppoſerai que le diamètre de la Lune eſt 32' 47",3 quand la parallaxe pour Paris eſt de 60'.

E

Dans la seconde édition de mon Astronomie je le supposois de 32′ 50″,0 pour la parallaxe de 60′ 6″,6, qui revient à celle de 60′ dans ma nouvelle hypothèse ; ainsi je le trouve aujourd'hui plus petit de 2″,7. Je n'ai pu retrouver les calculs que j'avois faits vers 1760 sur cet objet ; mais je ne crois pas qu'ils fussent plus concluans que ceux de ce Mémoire ; ainsi dans les Tables que je vais publier, je ne ferai pas difficulté de diminuer le diamètre.

De-là il suit que la diminution de 3″,5 que M. du Séjour avoit remarquée dans les éclipses pour le demi-diamètre de la Lune, y compris l'effet de l'inflexion, devoit se réduire à 2″,2. Dans son Traité analytique, *p. 418*, il réduit l'inflexion à 1″,8, en faisant une diminution de 1″,5 dans le demi-diamètre de la Lune ; la somme est 3″,3, qui devroit se réduire à 2″ d'après le nouveau diamètre que j'adopte actuellement : dans ce cas, l'inflexion se réduiroit à 1″,1, & la diminution du diamètre à 0″,9.

Ces recherches sur le diamètre de la Lune étoient d'autant plus nécessaires, que les astronomes différoient beaucoup pour cet élément. Par exemple, le 15 Mars 1764 je trouve le diamètre 32′ 26″ par mes nouveaux calculs, & les Tables de Cassini donnent la même chose ; mais ce ne seroit que 32′ 13″, suivant les Tables de la Hire ; 32′ 18″, suivant celles de Halley ; & 32′ 24″, suivant les Tables des Institutions de M. le Monnier. On auroit une seconde de plus ou 32′ 27″, suivant le résultat adopté par NEWTON ; & 32″, suivant la Caille *(Mém. 1761 , p. 57)*. Au reste les variations des diamètres étant représentées fort imparfaitement dans les anciennes Tables de la Lune, il seroit difficile de dire à 3 ou 4″ près ce qu'elles donnoient, & les trois premiers auteurs que je viens de citer n'avoient pas rapporté des observations positives du diamètre de la Lune, d'après lesquelles on pût savoir combien nous différons (Cassini, *Mém. Ac. 1699, p. 279 ;* La Hire, *Mém. Ac. 1703, p. 7)*. M. le Monnier est le seul qui ait publié des obſervations, déjà imprimées juſqu'en 1746, & il paroît par un mot de ſes *Inſtitutions (p. 184)* que je diffère peu de ce célèbre aſtronome ; mais il n'en a pas encore publié les réſultats. Ainſi ceux que je viens de donner dans ce Mémoire, ſont les premiers que l'on ait eus avec la préciſion d'une grande lunette, pour les valeurs des diamètres de la Lune.

La réduction des diamètres obſervés, aux diamètres horizontaux, m'a donné lieu d'examiner les Tables de l'augmentation, calculées par la Caille & par Mayer, & j'ai reconnu qu'elles n'étoient pas d'une exactitude ſuffiſante ; il y a quelquefois plus d'une demi-ſeconde d'erreur : j'en ai donc calculé une nouvelle par une formule commode qui eſt dans mon Aſtronomie, *art. 1510.*

Si l'on veut avoir égard à l'aplatiſſement de la Terre, on eſt obligé de diſtinguer deux cas : quand la Lune eſt dans le méridien il ſuffit de diminuer la diſtance au zénith de l'angle que fait la verticale avec le rayon de la Terre, & cela peut produire un dixième de ſeconde ; mais cette correction eſt nulle dans le premier vertical, & elle eſt comme le coſinus de l'azimuth. Cette correction eſt égale au diamètre multiplié par les ſinus de la parallaxe & de l'angle de la verticale, & par les coſinus de la hauteur & de l'azimuth. J'ai pris le parti dans ma Table, de prendre un milieu, en n'employant que la moitié de la correction, afin que cette Table puiſſe ſervir dans tous les cas, ſans que l'on courre riſque de ſe tromper d'un vingtième de ſeconde. Il ſeroit inutile de pouſſer la préciſion de cette Table au-delà des dixièmes de ſecondes, puiſque cela exigeroit une correction dans la Table pour les différens degrés d'azimuth. Par la même raiſon, je me ſuis contenté de calculer la Table pour les diamètres de 30′ 30″ & 32′ 30″ ; j'ai conclu les autres par des parties proportionnelles, ce qui n'auroit pas ſuffi ſi j'euſſe voulu avoir une préciſion plus grande qu'un dixième de ſeconde.

E ij

Cette Table eſt faite pour la latitude de Paris, mais elle peut ſervir pour tous les autres pays, la différence n'étant pas d'un vingtième de ſeconde pour un changement de 6" dans la parallaxe horizontale. Elle ſe trouvera dans la troiſième édition de mon Aſtronomie, qui paroîtra au commencement de 1791.

MÉMOIRE

Sur le Diamètre & la Lumière du quatrième Satellite de Jupiter.

Par M. DE LA LANDE.

DANS le travail curieux & important que M. Bailly a publié sur les diamètres & la lumière des satellites (*Mém. de l'Acad. 1771*), il ne put faire entrer l'article du 4.e satellite, parce qu'il ne s'éclipsoit pas en 1770, temps où M. Bailly étoit occupé de ces observations ; je lui ai demandé la permission de joindre ce petit supplément à un traité d'ailleurs très-savant, très-neuf & très-complet : voici ce que m'ont donné les premiers essais que j'ai eu occasion de faire sur le 4.e satellite.

Le 25 novembre 1788 j'ai observé l'émersion du 4.e satellite avec une excellente lunette de Dollond, qui a 40 $\frac{1}{2}$ lignes d'ouverture ; il a commencé à paroître à 11^h 58′ 44″, temps vrai (M. Messier, 12^h 0′ 16″ ; M. Méchain, 11^h 59′ 39″) ; aussitôt j'ai masqué l'objectif avec un carton qui n'avoit qu'un pouce ou 12 lignes d'ouverture, & 4′ 49″ après la première observation, j'ai eu une seconde émersion avec cette petite ouverture ; elle donnoit 11 fois moins de lumière que l'ouverture entière, puisque le carré de 40 $\frac{1}{2}$ lignes est au carré de 12 comme 11 est à 1.

Peu après l'observation j'ai trouvé que le satellite disparoissoit pour ainsi dire, & qu'on avoit peine à le voir avec un diaphragme de huit lignes, qui réduisoit à un vingt-cinquième la lumière de la lunette, ou plus exactement à 0,039 ; ainsi quand la lumière du satellite en émersion a commencé à s'apercevoir avec peine, il y avoit déjà $\frac{1}{25}$ de son disque hors de l'ombre. Cette conséquence est

néceſſaire, car ſi la lumière de la lunette diminuée & réduite
à cette fraction, ſuffit à peine pour faire voir le ſatellite, il
eſt clair que quand avec l'ouverture entière on ne fera que
l'entrevoir avec la même difficulté, il y aura la même
lumière, égale à un vingt-cinquième de la lumière totale
ou de la ſurface entière du ſatellite : c'eſt la valeur d'un
ſegment qui eſt comme inviſible dans cette lunette.

Suivant la Table des ſegmens qui eſt dans le Mémoire
de M. Bailly, un ſegment qui eſt 0,03902 du cercle
entier, a pour flèche ou ſinus verſe 0,08217 du diamètre
entier ; telle eſt donc auſſi la portion du diamètre du
ſatellite qui eſt hors de l'ombre lorſqu'on commence à
entrevoir le ſatellite; c'eſt ce qu'on appeloit ci - devant
émerſion.

Mais lorſque j'ai obſervé la ſeconde émerſion avec une
ouverture de 12 lignes, le ſegment inviſible étoit 0,08779
ou environ une douzième partie de la lumière totale, &
la flèche qui lui correſpond eſt 0,14300 du diamètre.
Ce ſegment étoit preſque 11 fois plus grand que le
premier ; ainſi multipliant par 11 le premier ſegment
inviſible, je trouve celui qui avoit lieu dans cette petite
ouverture 0,4445, & la flèche qui lui répond 0,45619
du diamètre du ſatellite. C'eſt la partie du diamètre qui
étoit hors de l'ombre quand j'ai commencé à l'apercevoir
avec la petite ouverture, 4′ 49″ plus tard.

La différence de ces deux flèches eſt 0,374 du diamètre,
& c'eſt cette partie qui, ſuivant l'obſervation, a employé
4′ 49″ à ſortir, ce qui donne pour le diamètre entier
12′ 53″ de temps. En tenant compte du changement de
lumière qui avoit dû arriver dans l'intervalle des deux
obſervations, je trouve ſeulement 12′ 50″. La diſtance
au nœud étoit alors de 28ᵈ, & ſuppoſant l'inclinaiſon de
2ᵈ 36′, je trouve qu'en 12′ 50″ de temps le ſatellite
s'éloignoit du centre de l'ombre de 9′ 37″. Tel eſt donc
le diamètre apparent du ſatellite vu du centre de Jupiter.
Cette quantité que je trouve de 9′ 37″, étoit, ſuivant

(39)

Whifton, de 5′ 40″ feulement, & fuivant Caffini, dans fes Tables aftronomiques *(page 184)*, de 15′ 4″.

Multipliant le finus de cette quantité par la diftance du fatellite 13,31, on a $\frac{1}{27}$ de Jupiter ; M. Maraldi l'eftimoit $\frac{1}{20}$ *(Mém. de l'Acad. 1734)* ; Whifton, $\frac{1}{44}$ *(The longit. difcovered, 1738, p. 8)* ; mais ni l'un ni l'autre n'avoient employé une méthode auffi exacte que celle-ci, qui nous a été fuggérée par M. de Fouchy, mais dont M. Bailly a tiré le plus grand parti, & dont il a fait la plus favante application aux trois premiers fatellites, avec autant de fagacité que de travail.

Le diamètre de la Lune eft $\frac{1}{40}$ de celui de Jupiter ; ainfi le diamètre du fatellite eft une fois & demie celui de la Lune.

Ce fatellite, dans fes plus grandes digreffions, fe voit encore avec un diaphragme de $3\frac{1}{2}$ lignes ; mais quand il eft tout près de Jupiter, il en faut un qui ait au moins 15 lignes ; c'eft-à-dire, qu'alors le fatellite a dix-huit fois moins de lumière, parce que celle de Jupiter éteint & affoiblit pour nous la lumière du fatellite à mefure qu'il eft plus près de Jupiter. Pour connoître la loi de la diminution de lumière fuivant fes diftances à Jupiter, j'emploîrai des obfervations que je fis le 22 février lorfque le fatellite paffa fur le bord de Jupiter, dans fa conjonction inférieure ; il en étoit fi près, qu'il parut le toucher pendant près d'un quart d'heure.

Je trouvai le fegment invifible 0,1030, avec un dia-phragme de 13 lignes, lorfque la diftance du fatellite au centre de Jupiter en demi diamètres de Jupiter étoit 1,46 ; & enfuite avec un diaphragme de $15\frac{1}{2}$ lignes, je trouvai le fegment invifible 0,1465 à la diftance 1,20. J'ai calculé ces diftances en partant de la conjonction, ou du milieu du paffage qui me parut arriver vers $9^{\text{h}}\frac{1}{4}$; le fatellite ne fit que rafer le bord de Jupiter, il faifoit 8″,4 par heure : le demi-diamètre apparent de Jupiter étoit alors de 19″,4. Avec ces données j'ai tracé une figure où j'ai vu qu'à

6^h 38′ & 7^h 32′, ſes diſtances au centre de Jupiter en demi-diamètres de cette planète étoient 1,46 & 1,20.

Lorſqu'en pareil cas on veut calculer à quelle diſtance le ſatellite a dû paſſer du centre de Jupiter, il ne ſuffit pas d'avoir égard à la latitude du ſatellite par rapport à l'orbite de Jupiter; il faut auſſi conſidérer la latitude géocentrique de Jupiter, qui eſt égale à la latitude de la Terre vue de Jupiter: ainſi le 22 février Jupiter avoit 16′ de latitude auſtrale, la Terre lui paroiſſoit avoir 16′ de latitude boréale; d'où j'ai trouvé par deux triangles ſphériques, que la Terre étoit de 13′ au midi de l'orbite de Jupiter, ce qui fait 2″ dont le ſatellite devoit paroître plus au nord; & comme le ſatellite ayant 2^d 1′ de latitude, devoit paroître 18″,8 au nord de Jupiter, il s'enſuit que ſa latitude auroit dû être de 20″,8, c'eſt-à-dire, qu'il devoit paſſer 1″,4 au nord du bord de Jupiter; mais cette diſtance a été inſenſible, & il n'étoit pas poſſible de diſtinguer le ſatellite. Au reſte, Jupiter étoit fort bas, les irradiations & les aberrations de la lunette pour les deux aſtres ont bien pu rendre inſenſible cette diſtance, & elle a pu être auſſi réellement moindre par le défaut des élémens du calcul, c'eſt-à-dire, de l'inclinaiſon, du nœud & du rayon de l'orbite du ſatellite.

Je ſuppoſe que la valeur générale du ſegment inviſible pour une diſtance quelconque x, ſoit exprimée par la formule $\frac{b}{x^2} + \frac{c}{x} = y$; ſubſtituant pour y les ſegmens obſervés, & pour x les diſtances calculées, on a la valeur

$$\frac{b}{(1,46)^2} + \frac{c}{1,46} = 0,1030, \text{ & } \frac{b}{(1,20)^2} + \frac{c}{1,20}$$

$= 0,1465$; d'où j'ai conclu $b = 0,1707$, & $c = 0,0335$. Mais en réduiſant les ſegmens à la hauteur de 38^d & à la diſtance de Jupiter qui avoit lieu le 25 novembre, j'ai trouvé $b = 0,1796$, & $c = 0,0351$.

Pour réduire les ſegmens à une diſtance & à une hauteur différentes de celles qui avoient lieu le 22 février,

j'ai

j'ai calculé les diftances de Jupiter au Soleil & à la Terre, en février & en novembre; la diftance au Soleil en février étoit plus petite dans le rapport de 1 à 1,02 ; la diftance à la Terre étoit plus grande dans le rapport de 1 à 1,049 ; le fegment invifible qui étoit plus petit à raifon de la première circonftance, & plus grand à raifon de la feconde, & cela dans le rapport des carrés des diftances, doit être diminué en total dans le rapport de 1 à 1,049, ou multiplié par 0,9446, pour être réduit au 25 novembre.

Les fegmens invifibles obfervés le 22 février vers 63^d de hauteur, doivent auffi être réduits à 38^d, qui étoit la hauteur le 25 novembre, parce que quand les aftres font plus bas, l'atmofphère intercepte une plus grande partie de leur lumière. Les expériences de Bouguer nous fourniffent les élémens de cette réduction; nous voyons dans fa Table, que les quantités de lumière que l'atmof-phère nous tranfmet, font à 63^d de 0,792, & à 38^d de 0,712 feulement (*Traité d'optique in - 4.° page 332*); il y avoit donc moins de lumière le 25 novembre ; le fegment invifible étoit plus grand : il faut multiplier ceux de février par 1,112, pour les comparer à ceux de novembre.

J'ai réduit tout au 25 novembre, parce que c'eft le jour où j'ai fait l'obfervation du diamètre du fatellite, & que j'ai fait de femblables obfervations le 24 & le 25 novembre. Le 24 à 10^h 51', temps vrai, Jupiter étant élevé de 24^d, le fatellite étant à 4' 39" ou 13,71 de diftance, paroiffoit à peine avec un diaphragme de trois lignes & demie ; le fegment invifible étoit 0,006294. Le 25 à 1' 9" ou 3,39 de diftance, il étoit, comme on l'a vu ci-devant, 0,0390 ; d'où j'ai conclu $b = 0,2068$, & $c = 0,0712$.

Ces quantités ne font pas les mêmes que les précédentes, mais elles en approchent affez pour l'ufage qu'on en fait, c'eft-à-dire, pour réduire à une même diftance les obfer-vations faites aux environs des immerfions & des émerfions ;

F

ainſi je ſuppoſerai par un milieu que le ſegment inviſible
eſt $\dfrac{0,192}{x^2} + \dfrac{0,053}{x}$ à 38^d de hauteur, & à la diſtance
où Jupiter étoit de la Terre & du Soleil le 25 novembre
1788, lorſqu'il eſt vu dans la lunette dont j'ai parlé.
Mais il y a apparence que la loi de ces diminutions de
lumière eſt fort différente quand on prend deux diſtances
fort grandes ou deux diſtances fort petites. Si l'on pouvoit
tenir Jupiter derrière une lame par le moyen d'un hélioſtate
qui ſuivît le mouvement diurne, on jugeroit encore mieux
des groſſeurs des ſatellites.

Si l'on emploie la diſtance du ſatellite au bord de Jupiter
plutôt que la diſtance au centre, on trouve cette formule
$\dfrac{0,06127}{x} - \dfrac{0,0064}{x^2}$; je crois que cette hypothèſe eſt
préférable, parce qu'elle donne des réſultats plus uniformes.
On trouve en effet, que le ſegment inviſible eſt en raiſon
inverſe de la diſtance ſimple ; du moins le terme c qui
dépend de cette diſtance eſt vingt fois plus fort pour le
premier ſatellite que le terme b qui dépend du carré de la
diſtance ; il eſt dix-ſept fois plus fort pour le ſecond
ſatellite, & dix fois pour le troiſième & le quatrième :
mais quand on prend, comme M. Bailly, la diſtance du
ſatellite au centre de Jupiter, on trouve des diſparates
conſidérables entre les termes qui dépendent de la diſtance
ſimple & ceux qui viennent du carré pour différens ſatellites.
Au reſte, ces termes peuvent avoir un rapport différent
pour les ſatellites les plus gros & pour les plus petits,
parce que la lumière d'un objet plus petit s'affoiblit plus
promptement que celle d'un objet plus gros en approchant
d'une groſſe lumière.

On voit par ces réductions combien étoient imparfaites
les obſervations des ſatellites lorſqu'on ne faiſoit pas uſage
des diaphragmes: auſſi M. Maraldi & M. Meſſier différoient-ils
de 12 minutes dans l'immerſion du 25 janvier 1762.

M. de Lambre, en difcutant au mois de novembre 1788 les obfervations du quatrième fatellite pour fes nouvelles Tables , trouvoit des réfultats différens de plufieurs minutes , tant pour l'équation que pour les nouvemens féculaires du fatellite, de fon apfide & de fon nœud, ou pour l'inclinaifon de fon orbite, fuivant qu'il employoit telles ou telles obfervations.

La différence entre l'immerfion obfervée & celle du centre du fatellite eft aifée à calculer par les quantités rapportées ci-deffus. En effet, la portion du diamètre qui étoit déjà hors de l'ombre quand j'ai commencé à apercevoir le fatellite , étoit 0,08061 du diamètre, au lieu de 0,08217 que j'ai trouvée 16' après l'émerfion; cette portion employoit 1' 2" de temps à fortir, & il s'en falloit alors 5' 23" que le centre du fatellite ne fût fur le bord de l'ombre.

C'eft ce que M. Bailly appelle l'*équation de M. de Fouchy;* c'eft cette quantité qu'il faudroit appliquer toujours aux obfervations faites avec différentes lunettes & dans des circonftances différentes pour pouvoir les comparer entre elles , & c'eft là le réfultat important pour la théorie des fatellites de Jupiter.

On a fait deux objeƈions à la méthode des diaphragmes; la première , que la lumière de Jupiter étant diminuée auffi-bien que celle du fatellite., on n'avoit pas dans ces obfervations l'effet que l'on fuppofe déterminé féparément pour le fatellite ; la feconde, que l'aberration des lunettes qui agrandit les diamètres d'autant plus que l'ouverture eft plus grande, produifoit un effet différent dans les deux immerfions que l'on obferve. Mais les petites différences qui peuvent en réfulter n'approchent pas des erreurs que l'on commet en négligeant ces précautions, & l'on ne peut rien efpérer par le progrès de la théorie des fatellites, tant que l'on ne fera pas ufage des diaphragmes.

MÉMOIRE

Sur les Satellites de Saturne.

Par M. DE LA LANDE.

Lorsque je rappelai en 1786 l'attention des aftronomes vers les fatellites de Saturne, qui étoient oubliés depuis foixante-dix ans *(a)*, je remarquai des erreurs de vingt degrés dans les Tables de Caffini, & je me propofai dès-lors d'en donner de nouvelles dans la troifième édition de mon ASTRONOMIE; M. Bernard voulut bien me fournir des obfervations, & cette année dans mon voyage d'Angleterre, M. Herfchel m'en a donné quelques-unes, en forte que je fuis en état de rectifier les moyens mouvemens de tous les fatellites de Saturne.

Je comptois employer les anciennes obfervations telles que Caffini le fils les rapporta dans les Mémoires de 1716; mais ayant voulu les comparer avec mes nouveaux élémens, je n'ai pas tardé à apercevoir une faute que tous les aftronomes ont faite, & qui feule a produit des erreurs de deux ou trois degrés dans les pofitions que l'on nous a tranfmifes; c'eft la réduction des longitudes à l'orbite de chaque fatellite.

Les longitudes de Saturne fe comptent fur l'écliptique, celles des fatellites fe comptent fur leurs orbites; on ne peut donc les comparer enfemble fans réduire celles de Sa ne à l'orbite du fatellite; & comme l'inclinaifon eft de 30^d, la réduction eft très-confidérable. La latitude de Saturne augmente encore la néceffité de cette réduction.

(a) Les dernières obfervations étoient de 1718. Pound *Phil. tranf.* 1718, n.° 355, p. 772.

Toutes les obfervations que l'on a faites fur les fatellites de Saturne fe rapportent à fon anneau. Caffini appelle la conjonction fupérieure d'un fatellite ou fon apogée, le point où il répond perpendiculairement fur la ligne des anfes, étant fitué fur le petit axe de l'anneau ; il obfervoit la conjonction des fatellites avec une des anfes, ou bien le paffage fur cette ligne ; M. Bernard & M. Herfchel ont fait la même chofe : ainfi dans toutes ces obfervations on obferve la diftance au petit axe de l'anneau. Pour le cinquième fatellite, fi l'on détermine fa diftance à la conjonction, alors c'eft fur le petit axe de fon orbite qu'on la fuppofe arriver, & c'eft une autre réduction qu'il faut faire.

Or quand nous obfervons un fatellite en conjonction avec Saturne fur le petit axe de l'orbite apparente du fatellite, la Terre & les deux aftres font dans un plan perpendiculaire au plan de l'orbite du fatellite ; car quand un cercle vu obliquement paroît fous la forme d'une ellipfe, le petit axe eft toujours dans le plan perpendiculaire au plan du cercle. Ainfi nous rapportons Saturne & le fatellite perpendiculairement fur l'orbite de celui-ci, mais alors le lieu du fatellite compté fur cette orbite n'eft pas le lieu de Saturne compté fur l'écliptique.

Soit $A\,N$ l'écliptique, $A\,S$ la latitude de Saturne, $1^d\,34'$ boréale ; $N\,B$ l'orbite des quatre premiers fatellites, dont le nœud N étoit en 1787 à $5^f\,17^d\,15'$, & dont l'inclinaifon N eft de $31^d\frac{1}{2}$, B le point de la conjonction. Si la diftance $A\,N$ entre le nœud N & Saturne, eft de $23^d\,26'$, la diftance $A\,B$ n'eft que de $19^d\,30'$; il faut donc ôter $3^d\,56'$ de la longitude de Saturne en A pour avoir la longitude du fatellite en B, comme on le trouve en réfolvant les deux triangles $S\,N\,A$. $S\,N\,B$. Le point S, où je fuppofe Saturne, peut être confidéré comme le point du ciel directement oppofé à la Terre, ayant une latitude égale à celle de Saturne vu de la Terre; alors NB eft l'orbite du fatellite autour de Saturne, & NA l'écliptique vue de Saturne; mais le point S & le point B font toujours fur l'arc SB perpendiculaire à l'orbite, fi B eft le point de la conjonction ou le petit axe de l'orbite du fatellite.

Pour le cinquième fatellite, il faut diftinguer la manière dont on a fait les obfervations. Celles que j'ai rapportées *(Mém. 1786, page 383)* étant faites par rapport à la perpendiculaire à fon orbite, le point N eft le nœud du cinquième fatellite; mais l'obfervation de 1673 que j'ai employée & que j'ai réduite de même, pourroit bien avoir été faite par rapport à la ligne des anfes, parce qu'alors on croyoit que le fatellite tournoit dans le même plan que les autres : or Caffini difant que le fatellite étoit à 6^d 40′ de fon périgée *(Mém. 1716, p. 216)*, pourroit bien avoir pris pour périgée le petit axe de l'anneau; la différence feroit 40′ dans la réduction. Cependant comme plufieurs jours d'obfervations rapportées fur une figure, indiquent naturellement le paffage par le petit axe de l'ellipfe, je crois plus naturel de fuppofer que c'eft-là ce qu'il a entendu par le périgée du fatellite.

Pour corriger encore un peu les anciens réfultats de Caffini, j'ai calculé les longitudes de Saturne par les Tables de Halley, & j'y ai appliqué l'erreur des Tables que Halley avoit déterminée; par ce moyen j'ai eu les réfultats fuivans pour les dix obfervations dont Caffini s'étoit fervi pour conftruire fes Tables. Ces obfervations font rapportées dans les Mémoires de 1716, & je les ai encore inférées dans ceux de 1786, *page 385*; mais les voici plus exactement.

	TEMPS MOYEN des obfervations.				LONGITUDES des Satellites.			CORECTR. des Tables.	
		H.	M.	S.	D.	M.	S.	D.	M.
I.	1685 31 Mars	10.	19.		4.	5.	40	+ 1.	52
	1714 18 Avril	9.	36.		1.	0.	23	+ 2.	30
I I.	1685 24 Avril	8.	38.		10.	13.	47	+ 1.	52
	1714 7 Mai	9.	26.		3.	22.	42	+ 2.	11
I I I.	1673 25 Juillet	12.	5.	46	1.	11.	17	— 2.	46
	1714 4 Avril	10.	3.		11.	26.	52	+ 2.	23
I V.	1659 14 Mars	8.	9.	20	0.	25.	44	— 4.	2
	1714 11 Février	10.	14.	53	11.	11.	11	+ 1.	59
V.	1673 16 Juillet	12.	5.	20	6.	19.	49	+ 0.	3
	1714 5 Mai	9.	26.		4.	28.	22	+ 0.	14

On voit que les Tables de Caffini ne s'accordent point avec les obfervations qui lui avoient fervi pour les conftruire, & cela vient principalement de la réduction dont j'ai parlé, & qu'il avoit omife.

Pour établir les époques des fatellites au temps préfent, j'ai fait ufage des obfervations de M. Bernard, que j'ai rapportées dans les Mémoires de 1786, *p. 384*, & j'y ai joint celles de M. Herfchel que je vais rapporter.

Premier fatellite. Le 19 août 1787, 12^h 29′, temps moyen réduit au méridien de Paris : il étoit à gauche, exactement fur la ligne des anfes.

Le 20 août, 12^h 25′, il étoit à droite fur la ligne des anfes ; le milieu donne la conjonction fupérieure.

Le 30 feptembre, 9^h 18′, il étoit près de la perpendiculaire menée fur l'anneau à l'extrémité de l'anfe, avant fa conjonction inférieure.

Second satellite. Le 10 septembre, 9^h 37′, dans la perpendiculaire menée par une anse.

Le 24 septembre, 10^h 3′, dans la perpendiculaire menée par l'autre anse.

Troisième satellite. Le 30 août, 10^h 38′, il étoit en conjonction supérieure sur le petit axe de l'anneau.

Le 8 septembre, 10^h 50′, aussi en conjonction supérieure.

Quatrième satellite. L'observation que l'on verra ci-après, de l'ombre au milieu de Saturne, le 2 novembre 1789, à 10^h 43′ est certainement la plus exacte de toutes; mais comme elle est unique, elle n'apprend rien pour une orbite où il y a 5 ou 6 degrés d'équation; il en faudroit trois de même espèce, & tout le soin que j'ai mis à la calculer & à la réduire, ne lui donne aucun avantage.

Mais comme j'avois sept observations de M. Bernard, je les ai toutes calculées; voici les erreurs des Tables de Cassini, ou les corrections qu'il faut y faire pour chacune, en y joignant celle de M. Herschel : le résultat moyen est 1^d 21′ à ajouter aux époques de Cassini pour 1788, tandis qu'en 1659 il y avoit 4^d 2′ à ôter; cela fait 5^d 23′ pour 129 ans, ou 2′ 30″ par année à ajouter au mouvement du quatrième satellite.

			D.	M.
11	Août	1787	− 2.	13
26	Juillet		− 2.	46
2	Nov.	1789	− 3.	53
28	Sept.	1787	− 5.	26
3	Sept.		+ 5.	14
21	Octob.		+ 6.	10
9	Octob.		+ 6.	46
18	Août	1786	+ 7.	0

Mais

Mais comme l'obſervation de 1659 eſt unique, & qu'elle pourroit être de 5 ou 6 degrés plus ou moins forte que la longitude moyenne, on pourroit diſcuter les obſervations de Caſſini rapportées dans les Mémoires de 1718; c'eſt ce que je ferai quand j'aurai raſſemblé un pluſd gran nombre d'obſervations modernes : M. Herſchel m'a promis d'en publier, & je les attends avec impatience pour déterminer l'apſide du quatrième ſatellite. En attendant, elle me paroît comme celle du Soleil, vers trois ſignes de longitude, avec une équation de cinq ou ſix degrés, comme celle de la Lune.

En réuniſſant ces obſervations avec celles de M. Bernard, j'ai eu les poſitions ſuivantes avec la correction des Tables de M. Caſſini.

		H. M.	D. M. S.	D. M.
I.	1787 19 Août 12. 29		10. 28. 59	+ 19. 52
	20 Août 12. 25			
	9 Sept. 7. 53		1. 27. 50	15. 41
	30 9. 18		3. 28. 18	20. 15
	20 Déc. 6. 30		1. 28. 29	16. 12
	L'erreur moyenne eſt 18^d.			
I I.	1787 10 Sept. 9. 37		4. 5. 54	+ 10. 42
	24. Sept. 10. 3		2. 18. 48	+ 9. 46
	L'erreur moyenne eſt 10^d 14'.			
I I I.	1787 30 Août 10. 38		10. 28. 39	— 3. 28
	8 Sept. 10. 50		10. 27. 47	— 2. 3
	L'erreur moyenne eſt 2^d 45'.			
I V.	1787 26 Juiller 10. 43	5. 3. 38		— 2. 41
	11 Août 11. 13	5. 6. 24		— 2. 63
	18 Août 10. 39	10. 22. 37		+ 7. 0
	3 Sept. 10. 4	10. 21. 32		+ 5. 14
	Le milieu eſt + 1^d 21', comme on l'a vu ci-deſſus.			
V.	1787 24 Août 1. 7		10. 25. 26	— 7. 59
	23 Nov. 6. 20		5. 15. 44	— 5. 13
	21 Déc. 5. 46		9. 19. 11	— 8. 43
	Le milieu eſt — 7^d 18'.			

En comparant ces erreurs avec celles des plus anciennes observations rapportées ci-dessus, je trouve qu'il faut faire aux moyens mouvemens des Tables de Cassini, les corrections suivantes. J'en ai conclu le mouvement annuel, & j'y ai joint celui qui fut donné par Cassini (*Mém. de l'Acad. 1716*), & par Bradley (*Phil. tranf. 1718, n.° 356) :* on verra par la comparaison, que les Tables de Bradley étoient beaucoup moins exactes pour les quatre derniers satellites, que celles de Cassini; aussi Halley, dans son recueil de Tables, préféra celles-ci, par le conseil même de Bradley.

Satellites.	CORRECTIONS À FAIRE aux Tables de Cassini.		Mouvement ann. suivant nous.				Mouvement ann. suivant Cassini.				Mouvement ann. suivant Bradley.			
	D. M.		*S.*	*D.*	*M.*	*S.*	*S.*	*D.*	*M.*	*S.*	*S.*	*D.*	*M.*	*S.*
I.	ajoutez 16. 8 au mouvement de 102 ½ ans.		4.	4.	44.	42	4.	4.	35.	15	4.	4.	42.	51
I I.	ajoutez 8. 22 pour 102 ½.		4.	10.	15.	19	4.	10.	10.	25	4.	10.	1.	59
I I I.	ôtez 0. 1 pour 114 ans.		9.	16.	57.	5	9.	16.	57.	5	9.	17.	1.	42
I V.	ajoutez 5. 23 pour 128 ½ ans.		10.	20.	39.	37	10.	20.	37.	7	10.	20.	35.	6
V.	ôtez 7. 21 pour 114 ½ ans.		7.	6.	23.	37	9.	6.	27.	28	7.	6.	31.	33

D'après ces élémens, j'ai fait de nouvelles Tables des satellites de Saturne qui sont dans la *Connoissance des temps de 1791 & 1792.* Je n'ai point tenu compte des inégalités des satellites : il y aura donc souvent deux ou trois degrés d'erreur, mais nous n'avons point encore assez d'observations pour entreprendre la recherche des inégalités des satellites; il suffit de pouvoir bien les reconnoître toutes les fois qu'on voudra les observer, & il étoit nécessaire de corriger des erreurs de 7^d, 10^d & 18^d dans les Tables dont on se servoit jusqu'à présent; il étoit sur-tout nécessaire de rectifier l'erreur que tous les astronomes avoient commise en calculant les longitudes des satellites par leurs observations.

J'ai parlé ci-deſſus d'une obſervation curieuſe de M. Herſchel; il m'a écrit le 26 février 1790, qu'il avoit obſervé le paſſage de l'ombre du 4.ᵉ ſatellite ſur le diſque de Saturne, & qu'il étoit central le 2 novembre 1789, à $10^h 31' 25'',5$, temps moyen à Slough, ou $10^h 43' 9''$, temps moyen à Paris : la longitude de Saturne ſur ſon orbite, étoit $11^f 21^d 33'$, & celle du ſatellite ſur la ſienne, $5^f 21^d 13'$. Cette obſervatiou donne pour ia longitude du ſatellite $5^d 34'$ de moins que mes Tables; mais cette différence vient ſans doute de l'équation de l'orbite du ſatellite, que nous déterminerons quand nous aurons un plus grand nombre d'obſervations. L'erreur des Tables de Caſſini pour cette obſervation, n'eſt que de $3^d 53'$; ainſi il auroit fallu diminuer la longitude de ces Tables, au lieu que je l'ai augmentée; mais les obſervations du 18 août & du 3 ſeptembre 1786 l'exigeoient évidemment.

Au moment où l'on finiſſoit l'impreſſion de ce Mémoire (*25 janv. 1791*), j'ai reçu les obſervations de M. Herſchel, avec de nouvelles Tables des ſatellites de Saturne, par ce célèbre obſervateur; je les ai comparées avec ſes obſervations, & j'ai trouvé que mes Tables s'accordoient mieux que celles de ˙M. Herſchel avec ſes propres obſervations, en faiſant les réductions dont j'ai parlé, comme je le ferai voir dans un troiſième Mémoire ſur les ſatellites de Saturne.

ÉCLIPSES DE SOLEIL
ET D'ÉTOILES,

Observées en 1787 & 1788, avec les résultats des Observations pour les Longitudes de divers pays.

Par M. DE LA LANDE.

LES occultations des étoiles η & μ des Gémeaux ont été observées à Paris & en plusieurs autres endroits, le 26 novembre 1787 ; voici les observations & les calculs, en supposant la parallaxe de la Lune à Paris, $60'\,59'',7$, à $11^h\,33'\,40''$ de temps vrai ; & le mouvement horaire, $37'\,35'',3$ en longitude, & $3'\,27'',3$ en latitude.

M. le François, mon neveu, qui s'occupe de l'astronomie avec moi depuis plusieurs années, a observé au Collége royal, $2'',2$ à l'orient de l'Observatoire, l'immersion de η, $11^h\,33'\,40''$, temps vrai ; & l'émersion, $12^h\,42'\,27''$. L'immersion de μ, $15^h\,44'\,45''$; & l'émersion, $16^h\,16'\,51''$; d'où il résulte que la conjonction avec η est arrivée à $12^h\,35'\,28''$; longitude de la Lune, $3^s\,0^d\,29'\,15''$; latitude, $23'\,48''$ A. la conjonction avec μ, $15^h\,33'\,34''$; longitude, $3^s\,2^d\,20'\,40''$; latitude, $33'\,49''\,\frac{1}{2}$.

A Greenwich, immersion de la première, $11^h\,22'\,51'',7$; émersion, $12^h\,31'\,45'',0$; conjonction, $12^h\,26'\,4'',5$; latitude, $23'\,43''$. Immersion de la seconde, $15^h\,38'\,34'',7$; émersion, $15^h\,53'\,48'',0$; conjonction, $15^h\,24'\,14'',7$; latitude, $33'\,51''$.

A Marseille, par M. Bernard ; immersion de la première, $11^h\,51'\,28''$; émersion, $12^h\,51'\,32''$; conjonction, $12^h\,47'\,28''$; latitude, $23'\,42''$. Immersion de la

seconde, 15^h $56'$ $59''$; émersion, 16^h $48'$ $28''$; conjonction, 15^h $45'$ $35''$ $\frac{3}{4}$; latitude, $33'$ $50''$.

A Vérone, par M. Cagnoli, immersion de la première
étoile, 12^h $20'$ $49''$; émersion, 13^h $27'$ $16''$: celle-ci
est plus sûre. Conjonction, 13^h $9'$ $48''$; latitude, $24'$ $0''$;
cette latitude étant trop grande, rend l'immersion suspecte.
En n'employant que l'émersion, on trouve la conjonction,
13^h $10'$ $0''$, & la différence des méridiens, $34'$ $34''$,
au lieu qu'on ne trouve que $34'$ $12''$ par l'immersion.
M. Cagnoli trouve par un milieu entre plusieurs observations, $34'$ $42''$, & sa latitude, 45^d $26'$ $7''$.

A Gotha, par M. Zach, immersion de la première
étoile, 12^h $18'$ $38'',8$; émersion, 13^h $29'$ $30'',8$;
conjonction, 13^h $8'$ $53'',6$; latitude, $24'$ $8''$. La différence des méridiens avec Paris seroit $33'$ $27''$; mais
comme la latitude ne devroit être que de $23'$ $42''$ $\frac{1}{2}$, il
y a lieu de croire qu'une des deux observations a moins
bien réussi : l'immersion seule donne la différence des
méridiens, de $33'$ $18''$; l'émersion seule donne $33'29''$,
ce qui me paroît plus exact, parce que j'avois trouvé
$33'$ $34''$ par l'éclipse de ι du Taureau, le 18 octobre
1788. Comme l'émersion se faisoit ici à la partie obscure
de la Lune, elle étoit en effet susceptible d'une plus
grande précision, & je préfère le résultat de $33'$ $29''$.

En prenant le milieu entre les observations des deux
étoiles, on a la longitude de la Lune le 26 novembre,
12^h $23'$ $16''$, temps moyen, réduit à l'Observatoire royal;
3^s 0^d $29'$ $11''$; & la latitude, $23'$ $41''$. La correction à
faire aux Tables, telles qu'elles sont dans mon *Astronomie*,
$3.^e$ édition, est $0''$ pour la longitude, & $+$ $1''$ pour
la latitude.

On a aussi très-bien observé l'occultation de Jupiter
par la Lune, le 14 mars 1788.

Ce jour-là on étoit assemblé au Palais-royal pour voir
Jupiter à côté de la Lune, qui faisoit un spectacle
singulier, sur-tout après l'émersion.

Immerfion du premier bord de Jupiter, au Collége royal . . . . 4^h 46′ 33″, temps vrai.

Immerfion totale . . . . . 4 47 50.

Émerfion du premier bord 6 4 49.

Émerfion du fecond bord 6 5 59.

J'ai employé la feconde & la quatrième obfervation pour trouver la conjonction.

J'ai fuppofé le mouvement horaire de la Lune, 34′ 51″,9 en longitude, & 3′ 5″,6 en latitude; la parallaxe horizontale de la Lune pour Paris, 58′ 55″ & 58′ 56″; le diamètre horizontal de la Lune, 32′ 7″,4 & 32′ 6″,9 ; celui de Jupiter, 36″.

J'ai trouvé la conjonction, 5^h 22′ 32″, temps vrai, ou 5^h 31′ 39″, temps moyen, au méridien de l'Obfervatoire royal. La longitude calculée par les Tables, étoit 2^f 18^d 16′ 27″,6, plus grande de 2″ $\frac{1}{2}$ que celle de Jupiter, fuivant l'obfervation du P. Fixlmillner; & la latitude, 14′ 43″ B.

Le 18 octobre 1788, l'étoile ɩ du Taureau a été éclipfée par la Lune; l'immerfion, 10^h 57′ 41″ $\frac{1}{2}$; émerfion, 11^h 49′ 9″ $\frac{1}{2}$, par M. le François mon neveu, au Collége royal. Mrs Méchain & Meffier ont eu quelques fecondes de différence pour l'immerfion; en fuppofant 44″, on trouve la conjonction vraie, 12^h 12′ 50″, temps vrai réduit à l'Obfervatoire, avec 2^f 13^d 50′ 40″ de longitude, & 29′ 16″ de latitude. J'ai fuppofé 1^d 13′ 20″ pour la latitude apparente de l'étoile, cette année, en tenant compte du changement de latitude, à raifon de 50″ pour la diminution féculaire. J'ai fuppofé la parallaxe horizontale pour Paris, 58′ 14″ plus petite que celle qu'on a employée jufqu'ici, parce qu'il me paroît que l'aplatiffement de la Terre n'eft pas auffi confidérable que les aftronomes l'ont fuppofé. Le mouvement horaire en longitude étoit 34′ 16″,3, & 3′ 5″,0 en latitude;

le demi-diamètre horizontal de la Lune, 15′ 54″,3 ; d'après les nouveaux calculs que j'ai présentés à l'Académie ; j'en ôte 2″ pour l'inflexion. Par les nouvelles Tables de la Lune, de Mason, publiées en Angleterre, on trouve la longitude, 2^f 13^d 50′ 40″ ; & la latitude, 29′ 9″ ; ainsi l'erreur est nulle en longitude, elle est + 7″ en latitude : c'est la correction à appliquer aux Tables pour les accorder avec l'observation.

M. Zach m'ayant envoyé son observation, 11^h 40′ 50″, & 12^h 32′ 57″, à Gotha, j'en ai déduit la conjonction, 12^h 46′ 23″ $\frac{1}{2}$; & la différence des méridiens, 33′ 33″ $\frac{1}{2}$, au lieu de 33′ 40″ que nous supposions auparavant.

Le 18 novembre, la première des deux α du Cancer a été éclipsée : immersion, 17^h 54′ 32″ ; émersion, 18^h 47′ 21″, au Collége royal ; conjonction, 18^h 12′ 14″,7, temps vrai réduit à l'observatoire ; longitude apparente de l'étoile, par le catalogue de Mayer, 4^f 10^d 9′ 48″ ; latitude de l'étoile, 5^d 29′ 40″,3 ; latitude de la Lune par l'observation, 4^d 40′ 47″,5 ; erreurs des Tables en longitude, + 4″, en latitude, + 4″ ; parallaxe, 59′ 20″ ; mouvement horaire, 35′ 40″,9, & 1′ 31″,2 ; demi-diamètre horizontal de la Lune, 16′ 12″,3.

Le 21 novembre, immersion de l'étoile e du Lion, 14^h 23′ 32″ ; émersion, 15^h 19′ 52″ $\frac{1}{2}$, au Collége royal ; conjonction, 16^h 18′ 27″, temps vrai, ou 16^h 5′ 2″, temps moyen, à l'Observatoire ; longitude de l'étoile, 5^f 21^d 26′ 9″ ; latitude, 5^d 42′ 3″ ; latitude de la Lune, 5^d 8′ 14″, par l'observation ; l'erreur des Tables en longitude est nulle, en latitude — 10″. J'ai supposé la parallaxe horizontale ; 58′ 38″,6 pour l'immersion, 58′ 37″,8 pour l'émersion ; les mouvemens horaires, 34′ 51″,3, & 44″,9 ; le demi-diamètre horizontal de la Lune, 16′ 1″.

L'éclipse de Soleil du 4 juin 1788, n'a pu être observée à Paris, mais elle l'a été en plusieurs endroits de 'Europe, & M. de Beauchamp l'a observée à Bagdad ;

elle a été totale à Alep : mais revenant de fon voyage de Perfe, pour la détermination de la mer Cafpienne, & ayant pris la fièvre, il n'a pu fe tranfporter dans les parties de l'Afie où il auroit eu la fatisfaction d'obferver l'éclipfe totale.

M. Piazzi, aftronome de Palerme, qui étoit à Londres, ainfi que M. Darquier, correfpondant de l'Académie, ont obfervé cette éclipfe à Greenwich, avec M. Maskelyne, aftronome royal : commencement, le 3 à 19^h 24′ 46″,5, temps vrai ; fin, 21^h 1′ 24″. M. Piazzi en a déduit la conjonction à 20^h 58′ 47″,3 ; & la latitude de la Lune, 14′ 48″ B. La longitude du Soleil, calculée par les nouvelles Tables de M. de Lambre, étoit alors 2^f 14^d 16′ 39″. Les nouvelles Tables de la Lune, de M. Mafon, donnent 17″ de plus pour la longitude de la Lune, & 13″ de trop pour la latitude.

En prenant le milieu entre les obfervations de Greenwich, d'Oxford & de Loampit-hill, & fuppofant Paris de 9′ 18″,8 à l'orient de Greenwich, comme le trouve M. le général Roy, par fes triangles, on a la conjonction pour Paris, 21^h 8′ 6″,7, temps vrai.

M. de Beauchamp obferva la fin de l'éclipfe le 4, à 1^h 26′ 19″, fous la latitude de 33^d 19′ 32″. Suppofant la différence des parallaxes, 60′ 18″,4 à Bagdad ; le demi-diamètre apparent de la Lune, 16′ 44″,1 ; celui du Soleil, 15′ 43″,5 ; la différence des mouvemens horaires en longitude, 34′ 30″,0 ; le mouvement horaire en latitude décroiffante, 3′ 25″,5, j'ai trouvé la conjonction, le 3, à 23^h 56′ 12″, & la différence des méridiens, 2^h 48′ 5″ : elle eft moindre feulement de 4″ que celle que M. de Beauchamp avoit déduite de fes obfervations des fatellites de Jupiter. Le commencement qu'il avoit eftimé à 10^h 30′ 51″, étant comparé avec la fin, m'a donné la conjonction, 23^h 56′ 11″ ½ ; ainfi il paroît que l'eftime étoit exacte ; mais la fin ne donne que 2^h 47′ 51″ pour la différence des méridiens.

Voici

Voici les autres obſervations, avec les réſultats que
M. Piazzi en a tirés : il les avoit publiés dans les Tran-
ſactions philoſophiques de 1789 ; mais il m'a envoyé
des calculs refaits depuis la publication, en employant
6″,5 pour l'inflexion & l'irradiation, & qui lui ont donné
14′ 58″ pour la latitude de la Lune en conjonction.
On voit dans les deux dernières colonnes, la conjonction
déduite ſéparément du commencement & de la fin, en
ſuppoſant la latitude, 14′ 58″, & ôtant 6″,5 de la ſomme
des demi-diamètres.

	Commenc.	F I N.	Conjonction.	Latitude de la Lune.	Conj. par le com.	Conj. par la fin.
	H. M. S.	H. M. S.	H. M. S.	M. S.	S.	S.
A Loampit-hill, M. Aubert.	19. 24. 41,9	21. 1. 20,3	20. 58. 44,1	14. 48,2	44,1	44,2
A Oxford, M. Hornſby...	19. 20. 36,1	20. 54. 40,0	20. 53. 46,2	14. 48,7	43,8	47,1
A Dublin, M. Uſſher.....	19. 5. 46,5	20. 27. 42,1	20. 33. 33,9	14. 48,3	37,6	30,2
A Mitau, M. Beitler......	21. 20. 15	23. 8. 52	22. 33. 41,5	14. 48,7	37,6	45,0
A Berlin, M. Bode.......	20. 23. 9	22. 14. 32	21. 52. 20,3	14. 44,2	22,9	14,0
A Cremſmunſter, M. Fixl-millner.............	20. 15, 20	22. 19. 50,7	21. 54. 59	14. 23	21,2	37,0
A Vienne, M. Trieſnecker.	20. 25. 49	22. 32. 40	22. 4. 18,8	14. 39	24,2	13,8
A Perinaldo, M. Maraldi..	19. 37. 50	....	21. 29. 40			
A Milan, M.rs de Ceſaris & Reggio.............	19. 48. 23	21. 51. 14	21. 35. 24,7	14. 32	25,2	25,0
A Padoue, M. Ciminello..	19. 59. 20	22. 6. 58	21. 46. 21,3	14. 39	25,1	17,9
A Bologne, M. Mateucci..	19. 55. 10 ½	22. 3. 45 ½	21. 44. 15,3	14. 31,0	28,3	4,2
A Viviers, M. Flaugergue..	19. 26. 38	21. 25. 41	21. 17. 29	14. 33	41,2	18,4
A Rouen, M. du Lague...	....	21. 7. 15	21. 3. 9,6	....	....	10,6
A Marſeille, M. Bernard...	19. 26. 42	21. 29. 23,5	21. 20. 17,5	14. 40	20,4	14,3

M. Gerſtner, profeſſeur d'aſtronomie à Prague, m'a
envoyé de ſemblables calculs qu'il a faits par ſa méthode
analytique, pour cinq endroits différens.

	COMMENCEMENT obfervé.			FIN obfervée.			CONJONCTION par le commenc.			CONJONCTION par la fin.		
	H.	*M.*	*S.*	*H.*	*M.*	*S.*	*H.*	*M.*	*S.*	*H.*	*M.*	*S.*
Greenwich. . .	19.	24.	46,5	21.	1.	25,5	20.	58.	42,9	20.	58.	43,0
Marfeille. . . .	19.	26.	42	21.	29.	23,5	21.	20.	10,1	21.	20.	10,3
Cremfmunfter. .	20.	15.	20	22.	19.	50,7	21.	55.	15,3	21.	55.	15,0
Vienne.	20.	25.	49	22.	32.	40	22.	4.	17,4	22.	4.	14,6
Prague.	20.	21.	31	22.	21.	15	21.	56.	26,0	21.	56.	28,8

M. Piazzi trouve la conjonction à Prague, 21^h $56'$ $30''$, & la latitude, $14'$ $45''$: la conjonction, par le commencement, eft à $33'',8$, & par la fin, à $26'',1$, en tenant compte de l'inflexion, & fuppofant la latitude en conjonction, $14'$ $58''$.

J'ajouterai encore ici les obfervations faites en Suède.

A Stockholm, M. Nicander. 21^h $2'$ $21'',3$. 22^h $35'$ $33'',4$.
A Lund, M. Lidtgren. . . . . 20 25 53,5. 22 12 2,8.
A Abo, M. Lindquift. . . . . 21 24 10. 22 56 7.
    Latit. 60^d $27'$ $7''$.

M. Piazzi trouve la conjonction, 22^h $27'$ $50'',7$, par le commencement; & $20'',4$ feulement par la fin.

A Varfovie, M. Biftrzki. . . . . 20 56 45. 22 57 33.

Celle-ci donne la conjonction à 22^h $22'$ $59'',3$, & la latitude, $14'$ $44''$, fuivant les calculs de M. Piazzi; mais en tenant compte de l'inflexion, il trouve, par le commencement, $61'',7$; & par la fin, $55'',7$ feulement.

A Lilienthal, par M. Nahe, fin, 21^h $49'$ $50''6$; latit. 53^d $8'$ $25''$, $26'$ à l'orient de Paris; la conjonction, 9^h $34'$ $38''$; différence des méridiens, $26'$ $30''$.

(59).

Cet obfervatoire, devenu remarquable actuellement, méritoit qu'on en déterminât bien la pofition.

Cette éclipfe donne pour Périnaldo, la conjonction, 21^h $29'$ $40''$, & la différence des méridiens, $21'$ $36''$. Comme cet endroit eft remarquable par les obfervations de feu M. Maraldi, j'ai voulu m'en affurer par une autre obfervation. Le 18 novembre 1774, M. Maraldi obferva l'éclipfe d'Aldebaran, à 16^h $9'$ $48''$ (*Mém. de l'Académ.* *1777*) ; en employant les élémens donnés par M. Lexell, dans les Mémoires de Péterfbourg pour 1774, je trouve la conjonction, 15^h $27'$ $58''$; & comme M. Lexell la trouvoit pour Paris, 15^h $6'$ $23''$, cela donne pour la différence des méridiens, $21'$ $35''$. L'émerfion obfervée à Périnaldo ne s'accorde point avec l'immerfion, & je m'en fuis tenu à l'immerfion. Ce réfultat eft affez bien d'accord avec celui de M. Piazzi. M. Méchain a trouvé, il eft vrai, $21'$ $44''$, par l'occultation d'Aldebaran du $1.^{er}$ novembre 1773, obfervée à 9^h $46'$ $29''$; mais M. Maraldi n'étoit pas affez fûr de cette obfervation pour qu'elle doive balancer le réfultat de $21'$ $35''$.

Depuis que M. Piazzi eut achevé fes calculs, je lui écrivis que je diminuois les parallaxes de la Lune de $5''$, en réduifant l'aplatiffement de la Terre à $\frac{1}{300}$, ce qui donne pour l'angle de la verticale à Greenwich, $11'$ $12''$; alors il trouve la conjonction, 20^h $58'$ $42''$, au lieu de $47'',3$; la latitude, $14'$ $59'',7$, au lieu de $48''$; la correction des Tables, — $17''$ en longitude, & — $2'',6$ en latitude, en prenant les Tables de la Lune, telles que je les ai données dans la troifième édition de mon *Aftronomie*, où les époques & les moyens mouvemens font un peu corrigés. Le 3 juin à 21^h $3'$ $58''$, temps moyen, elles donnent la longitude, 2^f 14^d $16'$ $56''$.

A ces réfultats fur l'éclipfe de 1788, j'en ajouterai un fur celle de 1787, par une obfervation qui m'eft parvenue depuis la publication des Mémoires de 1787, où j'ai donné les réfultats de cette éclipfe. L'obfervation fut faite

H ij

à Gothaab, fur la côte occidentale du Groenland, par M. Ginge, miffionnaire Danois, à 64^d $10'$ de latitude: commencement, le 14 juin à 11^h $43'$ $6''$ du matin; fin, à 1^h $29'$ $38''$; conjonction, 0^h $22'$ $26''$; différence des méridiens, 3^h $36'$ $7''$; latitude en conjonction, $59'$ $51''$, plus petite de $17''$ que je ne l'avois trouvée par les autres obfervations. La différence n'étant pas très-confidérable, prouve que l'obfervation eft affez bonne, fur-tout pour déterminer la pofition d'une côte auffi peu connue. On peut voir dans les Éphémérides de Vienne pour 1790, plufieurs obfervations des fatellites, faites dans le même endroit, par lefquelles M. Méchain a déterminé la différence des méridiens, 3^h $36'$ $32''$. Il a auffi calculé l'obfervation de l'éclipfe, & il trouve, 3^h $36'$ $26''$, en n'employant que la fin de l'éclipfe, qu'on doit préfumer plus exacte que le commencement.

MÉMOIRE

Sur l'Éclipse de Soleil du 16 Août 1765, observée à Rome.

Par M. DE LA LANDE.

J'OBSERVAI cette éclipse à Rome ; je calculai la conjonction le même jour, & je l'envoyai à l'Académie. A mon retour, je voulus y ajouter de nouvelles comparaisons & de nouveaux calculs ; mais d'autres occupations ont retardé ce travail jusqu'à présent. Cependant j'ai cru devoir y revenir, & j'en profiterai pour employer les nouvelles Tables du Soleil & de la Lune, & des élémens plus exacts, pour comparer plusieurs autres observations de la même éclipse, qui serviront à établir les longitudes de divers endroits.

J'étois au collége Romain de Saint-Ignace, avec trois astronomes habiles, le P. Boscovich, M. Zanotti, qui étoit venu à Rome à l'occasion des eaux de Bologne, & le P. Asclepi, professeur du collége Romain. Nous avions un télescope de deux pieds de foyer, garni d'un micromètre objectif fait par Short, que M. le Prince de Palestrine nous avoit confié, & une lunette acromatique de Dollond, qui a dix pieds de foyer, que M. le marquis Gabrielli nous avoit aussi prêtée. J'avois pris des hauteurs correspondantes ; mais le mauvais temps diminua beaucoup le succès de nos préparatifs.

A 4^h $54'$ $30''$, temps vrai, j'aperçus au travers des nuages, que l'éclipse venoit de commencer. Le P. Audiffredi, qui étoit à la Minerve avec une lunette de dix-neuf palmes, ou treize pieds, faite par Eustachio de Divinis, opticien connu, l'aperçut $5''$ plutôt, ou à 4^h $54'$ $25''$.

Je mesurai ensuite les distances des cornes de l'éclipse, tant que les nuages me le permirent.

TEMPS VRAI à Rome.			DISTANCES des cornes.	
H.	M.	S.	M.	S.
4.	59.	40	9.	22
5.	2.	5	11.	15
5.	4.	36	12.	30
5.	8.	13	14.	30
5.	11.	30	15.	15
5.	12.	35	15.	54
5.	16.	52	16.	46

A Greenwich, le commencement fut observé à 3^h 42′ 52″, de temps vrai; & la fin, à 4^h 59′ 24″. *Éphémérides, Berlin 1780, page 175.* Observations de M. Maskelyne, *page 19.*

A Londres, M. Short observa la fin, à 4^h 58′ 57″.

A Leyde, M. Lulofs observa la fin, à 5^h 18′ 58″; il mesura plusieurs fois la distance des cornes; elle étoit de 19′ 36″ à 4^h 29′ 1″, & à 4^h 44′ 48″ *(Philosophical transact. 1766, page 31).*

A Caen, M. Pigott observa le commencement à 3^h 48′ 16″, & la fin, à 5^h 0′ 56″,5; grandeur de l'éclipse, 5′ 15″, en supposant 31′ 43″ $\frac{1}{3}$ pour le diamètre du Soleil. Il se servit d'une lunette acromatique de six pieds, & d'un micromètre de Dollond *(Philos. transf. 1767, page 403).*

A Calais, l'éclipse fut observée par feu M. le prince de Croy, feu M. de Fourcroy, depuis Maréchal-de-camp, & M. Mouron. Commencement, 3^h 50′ 46″; & fin, 5^h 8′ 17″,5 *(Philos. transf. 1766, page 263 ;* mais on n'avoit pas pris de hauteurs correspondantes.

M. Meſſier obſerva la même éclipſe à Colombes, 20″ ⅓ de temps à l'occident de Paris, à 48ᵈ 55′ 28″ de latitude. Le commencement arriva à 3ʰ 58′ 13″, & la diſtance des bords fut meſurée de 26′ 19″, à 4ʰ 25′ 27″ *(Mém. de l'Acad. 1765, page 479. Philoſ. tranſ. 1766, page 3).*

M. Méchain a conclu du commencement la conjonction, 3ʰ 43′ 47″, temps vrai à Paris ; mais c'eſt en partant de l'obſervation de Calais, ſur laquelle il y a erreur.

M. le Monnier obſerva la fin à 5ʰ 11′ 50″, à Paris, mais entre les nuages *(Mém. de l'Académie 1765, page 553).*

A Breſt, l'éclipſe fut obſervée par M. le chevalier de Goimpy, mais ſeulement avec une lunette ſimple de trois pieds, & ſans avoir pris des hauteurs correſpondantes ; ainſi l'on ne peut guère tirer parti de cette obſervation.

Le P. Roſtan, Jéſuite, & profeſſeur de mathématiques à Varſovie, obſerva le commencement à 4ʰ 58′ 27″, & la fin à 6ʰ 27′ 44″ ; la partie éclairée, à 5ʰ 7′ 28″, étoit 13′ 12″,6 ; à 5ʰ 49′ 22″, de 22′ 23″,1, & à 6ʰ 23′ 7″, de 29′ 47″,9. Pour faire cette obſervation, il ſe joignit à M. Wolf, médecin du prince Adam Czartorinsky, & le ſeul à Varſovie qui eût quelques inſtrumens d'aſtronomie ; mais pour régler la pendule, au défaut de quart-de-cercle, il ſe ſervit d'un octant à pinules, avec un baſſin d'huile pour horizon ; cependant les temps s'accordoient toujours à 3 ou 4″ près. Pour obſerver l'éclipſe, il employa un téleſcope de Short de vingt-quatre pouces de foyer, garni d'un micromètre objectif ; la fin lui parut entre 41 & 47″, dans les nuages ; ainſi il n'y a que 3 ou 4″ d'incertitude ſur cette fin.

Pour calculer ces différentes obſervations, & d'abord celle de Greenwich, j'ai cherché par les nouvelles Tables du Soleil de M. de Lambre, & les dernières Tables de la Lune de M. Maſon, les élémens primitifs. Lieu du Soleil, le 16 août, à 3ʰ 47′ 34″, temps moyen de la conjonction à Paris, à peu-près connu, 4^f 23^d $52'$ $51''$,5 , plus petite de $10''$ que par les Tables de la Caille ; lieu de la Lune, 4^f 23^d $52'$ $44''$,1 , latitude boréale, 1^d $14'$ $15''$,2 , mouvement horaire en longitude, $31'$ $16''$,4 ; en latitude, $2'$ $48''$,0 ; parallaxe horizontale pour Paris, $55'$ $34''$,2 , qu'il faut diminuer de $6''$ pour la réduire à l'aplatiffement de $\frac{1}{300}$, comme je l'ai prouvé dans mon dernier Mémoire fur la parallaxe. La latitude de Greenwich, 51^d $28'$ $40''$, fe réduit à 51^d $17'$ $29''$ dans ce fphéroïde ; & la différence des parallaxes horizontales du Soleil & de la Lune, à $55'$ $19''$.

	COMMENCEMENT.	FIN.
Temps vrai des obfervations à Greenwich .\.	3^h $42'$ $52''$	4^h $59'$ $24''$
Différence des longitudes vràies du Soleil & de la Lune. . . .	0. 3. 46,6	0. 40. 36,4
Latitude vraie de la Lune.	1. 13. 32,0	1. 9. 57,4
Déclinaifon du Soleil	13. 34. 41	13. 33. 28
Diftance du Soleil au zénith. . . .	58. 17. 26	70. 0. 46
Angle du vertical & du cercle de déclinaifon	37. 24. 0	39. 57. 52
Angle de pofition.	19. 19. 54	19. 20. 35
Différence apparente de longit .	10. 54,5	22. 25,2
Parallaxe de longitude.	14. 41,1	18. 11,2
Différence apparente de latitude.	29. 2,9	21. 25,2
Parallaxe de latitude.	44. 29,1	48. 32,2

Ainfi le mouvement apparent de la Lune pendant la durée de l'éclipfe, devoit être $33'$ $19''$,7 en longitude, & $7'$ $37''$,7 en latitude. Je fuppofe la diftance apparente des centres, $31'$ $3''$,2 , & $31'$ 0,5 , en diminuant les diamètres du Soleil & de la Lune, comme on le doit faire dans les éclipfes, & je trouve le temps vrai de la conjonction, 3^h $35'$ $4''$,4 , & la latitude vraie, 1^d $13'$ $55''$ B.

J'ai

J'ai calculé de même l'obſervation de Caen, & j'ai trouvé le temps vrai de la conjonct.on, $3^h\ 33'\ 27'',5$, ou $3^h\ 44'\ 15'',5$ à Paris, & la latitude, $1^d\ 13'\ 52''$, plus petite de $3''$ que par l'obſervation de Greenwich. Il réſulte auſſi de - là une différence des méridiens entre Paris & Greenwich, qui ne feroit que $9'\ 11''$, c'eſt-à-dire, plus petite de $5''$ que celle de $9'\ 16''$ qu'on a coutume d'employer, & que l'on croit cependant depuis quelques temps un peu trop foible.

L'obſervation de Calais m'a donné la conjonction à $3^h\ 41'\ 55''$ (M. Méchain avoit trouvé $3^h\ 41'\ 49''$, mais avec une parallaxe plus grande) ; je trouve auſſi la latitude, $1^d\ 13'\ 56'',3$, feulement $1''$ de plus que par l'obſervation de Greenwich ; mais il paroît que le temps vrai étoit en erreur de $27''$, à en juger par les obſervations de Caen & de Greenwich : en effet, M. le prince de Croy n'avoit pas employé les hauteurs correſpondantes ; mais la durée paroît avoir été bien obſervée.

L'obſervation de M. Short, en corrigeant la latitude de la Lune par les obſervations de Greenwich & de Caen, donne auſſi la conjonction pour Greenwich, $3^h\ 35'\ 4''$, & par conféquent la différence des méridiens, $9'\ 11''$, en partant de la conjonction trouvée pour Caen.

Par un milieu entre les deux obſervations de Caen & de Greenwich, on a la conjonction, $3^h\ 48'\ 6''$, temps moyen à Paris, dans $4^f\ 23^d\ 52'\ 53''$; la longitude des Tables eſt plus grande de $10''$; la latitude vraie, $1^d\ 13'\ 55''$, eſt plus petite de $20''$ que par les Tables. L'erreur n'eſt que de $9''$ dans les ſecondes Tables de Mayer, que j'avois inférées dans la feconde édition de mon *Aſtronomie.*

J'ai auſſi voulu employer le commencement obſervé à Colombes par M. Meſſier, avec la fin obſervée à Paris par M. le Monnier, en réduiſant les deux obſervations au méridien de l'obſervatioire, mais en y appliquant les parallaxes qui conviennent à chaque lieu reſpectivement,

I

(66)

j'ai trouvé, pour l'obfervation de M. Meffier, précifément la même conjonction, 3^h $44'$ $18''$, comme le milieu entre Caen & Greenwich; mais l'obfervation de M. le Monnier, faite au travers des nuages, en diffère trop pour pouvoir en tirer les conféquences que j'avois en vue dans cette comparaifon.

La pofition de Varfovie eft encore affez peu connue pour qu'il foit utile de calculer auffi cette obfervation; j'en ai donc déduit le temps de la conjonction, & j'ai trouvé 4^h $58'$ $48''$; ce qui donne pour la différence des méridiens, 1^h $14'$ $30''$; la hauteur du pôle eft de 52^d $14'$ $28''$ (*Éphém. de Berlin, 1780, page 176*). Le P. Roftan avoit auffi obfervé l'éclipfe de 1764; commencement, 10^h $54'$ $5''$, fin, 1^h $50'$ $37''$; M. du Sèjour en a conclu, 1^h $14'$ $40''$ par le commencement, & 1^h $14'$ $27''$ par la fin.

Par l'éclipfe du 26 août 1775, M. Lexell trouva, 1^h $14'$ $38''$ ou $41''$, comme on le voit dans les *Mém. de Péterfb. 1775, page 590.* Il ajoute que dans l'éclipfe de 1764, il avoit trouvé 1^h $14'$ $52''$ par le commencement, & 1^h $14'$ $24''$ par la fin. Dans les Éphémérides de Berlin pour 1780, le P. Roftan trouvoit 1^h $14'$ $51''$ par l'éclipfe de 1764; M. Wolf, 1^h $14'$ $35''$ par celle de 1765, & 1^h $14'$ $32''$ par quelques éclipfes des fatellites : mais ce qui me fait croire que mon réfultat, 1^h $14'$ $30''$ eft exact, c'eft que je trouve la latitude de la Lune, 1^d $14'$ $0''$, à $5''$ près, comme par les obfervations de Greenwich & de Calais, qui tiennent le milieu entre celles de Caen & de Varfovie.

La pofition de Leyde mérite auffi d'être vérifiée par cette éclipfe; j'ai calculé la diftance apparente des centres, en fuppofant la latitude corrigée, & la différence des méridiens de $8'$ $32''$, j'ai trouvé $0'',3$ de moins : ce qui fait voir qu'il n'y a aucun changement fenfible à faire dans la différence des méridiens; on pourroit ôter feulement $1''$, elle feroit de $8'$ $21''$.

Je n'eus pas à Rome la satisfaction d'observer la fin ni la grandeur de l'éclipse ; je me suis borné au commencement, en corrigeant la latitude par les observations de Greenwich ou de Caen, & j'ai trouvé 4^h $24'$ $56''$ pour la conjonction à Rome : ainsi la différence des méridiens est $40'$ $38''$ entre Paris & le collége Romain, plus petite seulement d'une seconde que celle que M. Cagnoli a déduite de l'éclipse de 1781, & la même que celle que M. du Séjour a trouvée de l'éclipse de 1764, en prenant un milieu entre le commencement & la fin. M. Méchain avoit trouvé $40'$ $36''$, par diverses comparaisons ; ainsi l'on a bien peu d'incertitude sur la position, de cette fameuse ville.

La différence $40'$ $38''$, se réduit à $40'$ $32''$, en la rapportant à la coupole de S.ᵗ Pierre du Vatican, qui est non-seulement le lieu le plus considérable de Rome, mais peut-être le point le plus remarquable de l'univers *(a)*.

(a) Lorsque j'ai lu ce Mémoire à l'Académie, on a demandé si la grande pyramide d'Égypte, Sainte-Sophie de Constantinople, &c. ne seroient pas des points encore plus remarquables. Mais quelle différence, quand on considère Rome comme ayant été la capitale de l'empire du monde, & comme étant encore celle du monde chrétien.

MÉMOIRE

Sur la Période de lumière de l'Étoile Algol.

Par M. DE LA LANDE.

LES variations de lumière de l'étoile β de Persée, appelée *Algol* ou *la tête de Méduse*, avoient été remarquées dans le dernier siècle par Montanari, professeur de Bologne en Italie ; mais la régularité de ses variations n'a été reconnue qu'en 1782, à Yorck, par M. le chevalier Goodricke, dont les astronomes regrettent la perte actuellement. Ses observations se trouvent dans les Transactions philosophiques de 1783, *page 480*, & de 1784 *page 288*. J'en ai donné l'histoire dans le huitième tome de mes Ephémérides, *page 94.*

M. Wurm, à Nurtingen dans le Wurtemberg, a donné des Tables de ces variations comparées aux observations, & avec lesquelles on calcule facilement les retours de lumière. *Éphém. de Berlin, 1788 & 1789.* J'ai entrepris de les vérifier par de nouvelles observations.

Dès la première année, M. Goodricke jugea que la période étoit de $2^j\ 20^h\frac{3}{4}$, & dans les Transactions de 1784, *page 288*, il trouva $2^j\ 20^h\ 49'\ 3''$; M. Méchain, dès 1783, $2^j\ 20^h\ 48'\ 51''$.

Les Tables calculées par M. Wurm, supposent $2^j\ 20^h\ 48'\ 59''$, *Éphém. de Berlin, 1788, page 191.* Il les a comparées avec vingt-quatre observations, depuis 1783 jusqu'à 1785 ; il n'y en a que deux où l'erreur passe 20', ce qui prouve déjà que ces retours sont à peu-près constans.

Le 10 & le 13 octobre 1788, j'ai observé le temps de la plus grande diminution de lumière, & en prenant un milieu entre l'estime de ces deux jours, je trouve que c'étoit le 10 vers 11^h du foir, ce qui fait 10^h 47$'$, temps moyen, exactement comme par les Tables de M. Wurm. Je compare cette obfervation avec celles de M. Goodricke, en prenant un milieu entre quatre qu'il choifit de préférence, & qui me donnent le 14 janvier 1783 à 9^h 44$'$; l'intervalle eft de 2096 jours 1^h 3$'$, qui, divifé par 731, nombre des périodes, donne 2^j 20^h 49$'$ 0$''$,33 pour chacune. Le 2 novembre j'ai trouvé 8^h 34$'$; le 22 novembre, 10^h 35$'$; & le 25 novembre, 7^h 36$'$; ce qui diffère du réfultat précédent de 47$'$. 27$'$ & 15$'$: fi l'on fuppofe 30$'$ pour l'erreur moyenne, la période ne fera plus que de 2^j 20^h 48$'$ 58$''$. Le 9 janvier 1790, j'ai eftimé la diminution à 9^h 8$'$, le 1.er février, à 7^h 25$'$, & le 21, à 9^h 40$'$. Ces obfervations donnent 2^j 20^h 49$'$ 2$''$; c'eft la quantité à laquelle je m'en tiens actuellement.

Les quatre obfervations de M. Goodricke dont j'ai fait ufage, font celles-ci, réduites en temps moyen, & au méridien de Paris.

	H.	M.
14 Janvier 1783.	9.	39
31 Janvier	14.	43
6 Février	8.	29
26 Février	9.	57

En partant de la première, & ajoutant la période de 2^j 20^h 49$'$ autant de fois qu'il eft néceffaire, je trouve pour les autres, 9$'$, 3$'$ & 10$'$ de plus; ainfi, pour avoir un milieu entre les quatre, j'ajoute 5$'$ à la première, & j'ai 9^h 34$'$; c'eft ainfi qu'il faut l'employer pour qu'elle foit véritablement le réfultat des quatre obfervations.

La plus petite phafe dure 20 à 25$'$ fuivant M. Wurm, & la diminution totale, 6 heures & demie : ainfi, on eft étonné de voir que les obfervations de M. Goodricke diffèrent fi peu. Il eſt vrai que celle du 21 mars, 8ʰ 50′, diffère de 24′; mais cela n'eſt pas furprenant. Au reſte, j'ai rejeté celle-là de ma comparaiſon.

D'après mes obſervations & la période que je viens d'établir, j'ai calculé une Table des plus petites phaſes d'Algol pour tous les jours de l'année 1789, afin que les aſtronomes puiſſent facilement les obſerver. Cette Table a été publiée dans le *Guide céleſte*, Ephéméride qu'a donné depuis M. Perny de Ville - neuve, l'un des aſtronomes établis à l'Obſervatoire royal en 1785, par la magnificence du Roi, par les ſoins de M. le baron de Breteuil, & de M. le comte de Caſſini, dont le zèle pour l'aſtronomie mérite notre reconnoiſſance & nos éloges.

Cette Table une fois faite, peut ſervir pour l'année ſuivante, en ajoutant deux jours & trente-ſix minutes, ſi l'année ſuivante eſt auſſi une année commune.

On voit par cette Table, qu'il y a 14 ou 17 jours dans chaque mois où l'on ne peut obſerver la diminution de lumière d'Algol, parce qu'elle arrive de jour; & comme cette étoile eſt 1ʰ 28′ ſous l'horizon, il eſt difficile au mois de mai de l'obſerver : elle ſe couche le 15 mai, à 10ʰ 38′, & ſe lève à minuit & 6′. C'eſt l'hiver qui eſt le plus commode pour faire ces obſervations le ſoir, l'étoile étant très-élevée.

Pour juger de l'uniformité de la période, je prends encore un intervalle moitié plus court, & je choiſis les quatre dernières obſervations de M. Wurm, qui ne diffèrent que de 6 à 7 minutes; en prenant un milieu, je trouve, le 22 janvier 1786, 8ʰ 20′ à Paris; mon obſervation du 10 octobre 1788 en eſt éloignée de 992 jours 2ʰ 27′, qui diviſés par 346, donnent 2ʲ 20ʰ 48′ 58″,8; ce qui approche plus du réſultat de M. Wurm, & diffère de 3″,2 du précédent. Ainſi, nous avons lieu de croire que cette révolution eſt ſenſiblement uniforme, puiſqu'un intervalle de trois ans, & un de ſix ans, donnent le même réſultat.

Les Tables de M. Wurm s'accordent parfaitement avec mes obfervations de 1788, mais elles diffèrent de 16' de celles de M. Goodricke, qu'elles devroient fur-tout repréfenter.

Il me reftoit à donner ici des Tables générales pour calculer en tout temps le moment de la moindre lumière, d'après les réfultats de ce Mémoire ; mais M. Méchain a bien voulu fe charger de les publier dans la *Connoiffance des Temps de 1792.*

Au temps où ce Mémoire s'imprime, M. Wurm m'a envoyé cinq obfervations réduites en temps moyen au méridien de Paris : 1790, 18 février, $11^h 50'$; 21 février, $8^h 40'$; 13 mars, $10^h 46'$; 5 avril, $9^h 10'$; 17 octobre, $8^h 39'$; d'après lefquels il femble qu'il faudroit ôter une demi-heure de l'époque de mes Tables pour 1790. Les obfervations nous éclaireront à ce fujet.

Cet habile obfervateur m'écrit qu'il a auffi remarqué d'autres étoiles changeantes : il fait remplacer le défaut d'inftrumens par une affiduité précieufe à obferver des phénomènes qui n'exigent que la fimple vue.

MÉMOIRE

Sur l'état moyen des Eaux de la Seine, à Paris.

Par M. DE LA LANDE.

ON a souvent parlé dans les Mémoires de l'Académie, de la hauteur moyenne des eaux de la rivière ; on a rapporté à ce point des nivellemens & des mesures ; mais on a toujours supposé que la hauteur moyenne tenoit un milieu entre la plus grande & la plus petite élévation, & c'est cette notion défectueuse que je me propose de rectifier.

L'état moyen des eaux doit être l'état où elles sont le plus souvent ; l'état naturel, indépendant des grandes inondations & des grandes sécheresses, l'état sur lequel on a droit de compter pour la navigation, sauf les accidens passagers, & les événemens extraordinaires.

Pour connoître cette hauteur moyenne, il falloit exclure les grandes hauteurs & les grands abaissemens, tandis que ce sont, au contraire, les seuls dont on ait fait mention, & dont on ait tenu compte jusqu'à présent dans ces sortes de calculs. Enfin, il faut avoir un grand nombre d'observations faites dans toutes les saisons, & prendre le milieu.

Les hauteurs que l'on marque tous les jours à l'échelle du pont de la Tournelle pour le service de la navigation de la rivière, & qui se publient dans le Journal de Paris, offrent un moyen facile de connoître l'état moyen de la rivière. Voici les hauteurs moyennes de chaque mois en 1782 & en 1787, qui suffiront pour donner une idée de celle qui fait l'objet de ce Mémoire. Ces hauteurs sont en pieds, pouces & dixièmes de pouces ; elles sont

le

le réfultat des hauteurs de tous les jours entre lefquelles j'ai pris un milieu. Dans la dernière colonne j'ai mis les hauteurs des différens mois, dans l'ordre des hauteurs de l'eau, pour que l'on voie, par exemple, que le mois de feptembre a été dans ces deux années le plus fec, & le mois de mai le plus fujet à la pluie.

MOIS.	1782.		1787.		Mois par ordre des 4 hauteurs.	Hauteurs par un milieu.	
	Pieds.	Pouc.	Pieds.	Pouc.		Pieds.	Pouc.
Janvier...	6.	5,4	5.	0,0	Septembre.	1.	2,5
Février...	6.	2,9	3.	10,6	Août....	1.	6,4
Mars....	4.	7,0	5.	3,8	Juillet...	3.	1,7
Avril....	7.	10,6	5.	10,4	Octobre..	3.	4,3
Mai.....	9.	5,1	9.	3,6	Mars....	4.	11,4
Juin.....	5.	4,6	5.	5,7	Février...	5.	0,7
Juillet...	2.	0,0	4.	3,5	Décembre.	5.	2,0
Août....	1.	5,1	1.	7,6	Juin.....	5.	5,2
Septembre.	1.	0,0	1.	5,1	Janvier...	5.	8,7
Octobre..	1.	8,8	4.	11,8	Novembre.	5.	11,5
Novembre.	3.	2,2	8.	8,7	Avril....	6.	10,5
Décembre.	2.	9,7	7.	6,3	Mai.....	9.	4,4
Milieu ...	4.	4,0	5.	4,6			

La hauteur moyenne entre ces deux années, eft donc de 4 pieds 10 pouces; c'eft à peu-près l'état moyen de la rivière fur l'échelle du pont de la Tournelle, & c'eft pour cela que j'ai fait ajouter dans le Journal de Paris, à la hauteur de l'eau pour chaque jour, ces mots; *Hauteur moyenne, 5 pieds.*

L'échelle du pont Royal marque les hauteurs au-deffus du fond de la rivière, au banc de l'Aiguillette, qui eft l'endroit où il y a le moins d'eau; elle marque 2 pieds 8 pouces de plus, du moins dans les moyennes eaux;

K

car la différence n'eft que de 1 pied 4 pouces dans les baffes eaux ; elle va jufqu'à 3 pieds quand les crues font fortes & fubites : ainfi c'eft à 7 pieds 5 pouces de l'échelle du pont Royal, que l'on peut fixer l'état moyen de la rivière.

L'échelle du pont au Change, faite en 1769, marque 17 pouces de plus que celle du pont de la Tournelle ; ainfi l'état moyen des eaux fur l'échelle du pont au Change, eft de 6 pieds 3 pouces.

Mais les hauteurs extrêmes qui ont été obfervées fur l'échelle du pont Royal, font 1 pied 10 pouces, & 25 pieds 3 pouces, dont le milieu eft de 13 pieds 6 pouces $\frac{1}{2}$; & ce milieu que l'on a quelquefois appelé *hauteur moyenne*, furpaffe de 6 pieds la hauteur qui doit réellement s'appeler *hauteur moyenne*. Cette différence fait voir la néceffité des confidérations que je viens de rapporter.

En prenant ainfi un plus grand nombre d'années, & en choififfant celles où la quantité de pluie eft d'environ 17 pouces, quantité moyenne fuivant M. Cotte (*Traité de météorologie*, *page 231, 312*), on aura plus exactement l'état moyen de la rivière. Il eft tombé en 1782, 22 pouces d'eau (*Journal des Savans. juin 1783*), & la même quantité en 1787 (*Connoiffance des Temps, 1791, p. 360*) ; ainfi la hauteur que j'ai trouvée eft probablement un peu trop forte. Mais je me contente d'avoir montré l'erreur de la méthode employée jufqu'ici pour avoir la hauteur moyenne de la rivière. Il en eft de même des hauteurs de la mer ; le niveau naturel n'eft qu'à un tiers de l'intervalle qu'il y a des baffes eaux à leur plus grande hauteur, comme je l'ai démontré dans mon *Traité du flux & reflux de la mer (art. 117)* ; il eft donc plus bas que le point qui tient le milieu entre les deux hauteurs.

Au fujet des grandes hauteurs de l'eau en 1651, 1658, 1700, 1740, 1749, 1751, 1764, on peut voir M. Bonamy (*Mémoires de l'Acad. des Infcript. tome XVII, page 675*) ; M. Buache (*Mémoires de l'Académie des*

Sciences, 1741, 1742 & 1767, page 508), & M. Deparcieux *(Mém, 1764, p. 457)*.

Si la méridienne de l'obfervatoire royal eft de 149 pieds au-deffus du zéro de l'échelle du pont Royal, elle fera de 141 $\frac{1}{2}$ pieds au-deffus des moyennes eaux de la Seine ; & fi l'on fuppofe avec M. Maraldi *(Mém. 1703, p. 231)*, que la méridienne eft 276 pieds au-deffus de l'Océan, la pente de la Seine fera de 134 $\frac{1}{2}$ pieds. Cependant M. Shuckburgh, qui a fait le trajet de Paris jufqu'à la mer avec un excellent baromètre, ne jugeoit la pente que de 28 pieds *(Philof. tranf. 1777)* ; mais M. le Monnier eft perfuadé qu'il l'a trop diminuée, & cela eft très-vraifemblable.

La différence de niveau entre les deux échelles du pont Royal & du pont de la Tournelle, fur le mur de quai, a été déterminée en 1789 & en 1790 par M. de Prony, avec un excellent niveau. Il a trouvé que les fept pieds de l'échelle du pont de la Tournelle étoient de niveau avec 12 pieds 5 pouces de celle du pont Royal, en forte que la différence réelle des deux échelles, eft 5 pieds 5 pouces. M. Buache ne la croyoit que de 3 pieds 9 pouces. Le 31 janvier 1789, la rivière étoit à 9 pieds 11 pouces au pont Royal, ainfi elle auroit dû être à 4 pieds 6 pouces à la Tournelle ; elle y étoit à 7 pieds 1 pouce : donc l'eau étoit plus haute au-deffus du pont de la Tournelle qu'au-deffous du pont Royal, de 2 pieds 7 pouces. Mais la pente ordinaire & générale de la Seine, fur une diftance de 1200 toifes, eft de 1 pied 4 pouces, fuivant les anciens nivellemens de Picard ; il y avoit donc dans Paris 15 pouces de plus pour la retenue des ponts, ou pour la cataraĉte effeĉtive de l'eau, foutenue par ces obftacles ; mais cette quantité varie de deux pieds par les différentes hauteurs & peut-être par les embarras de la rivière, plus ou moins confidérable dans un temps que dans l'autre. Dans les moyennes eaux on trouve la pente totale depuis 2 pieds 3 pouces jufqu'à 3 pieds 3 pouces ;

le milieu eſt 2 pieds 9 pouces, ce qui donne 1 pied 5 pouces pour la retenue des ponts, & 2 pieds 8 pouces pour la différence des hauteurs que marquent les deux échelles dans les moyennes eaux.

Il y a ſur la ſeconde pile du pont de la Tournelle, en partant du nord & en aval, une autre échelle à laquelle M. de Prony avoit attaché ſon nivellement ; mais j'ai reconnu qu'elle marque 9 pouces de moins, & j'ai réduit l'opération à celle qui eſt en amont, ſur la culée ou ſur le mur de quai, au pied de l'eſcalier qui eſt au nord & à l'eſt, parce que c'eſt celle-ci où l'on marque tous les matins la hauteur de l'eau pour le bureau de la Ville, telle qu'on l'imprime dans le Journal de Paris. On avoit ceſſé le 7 novembre 1789, de marquer cette hauteur dans le Journal, mais l'interruption n'a duré que juſqu'au 3 décembre.

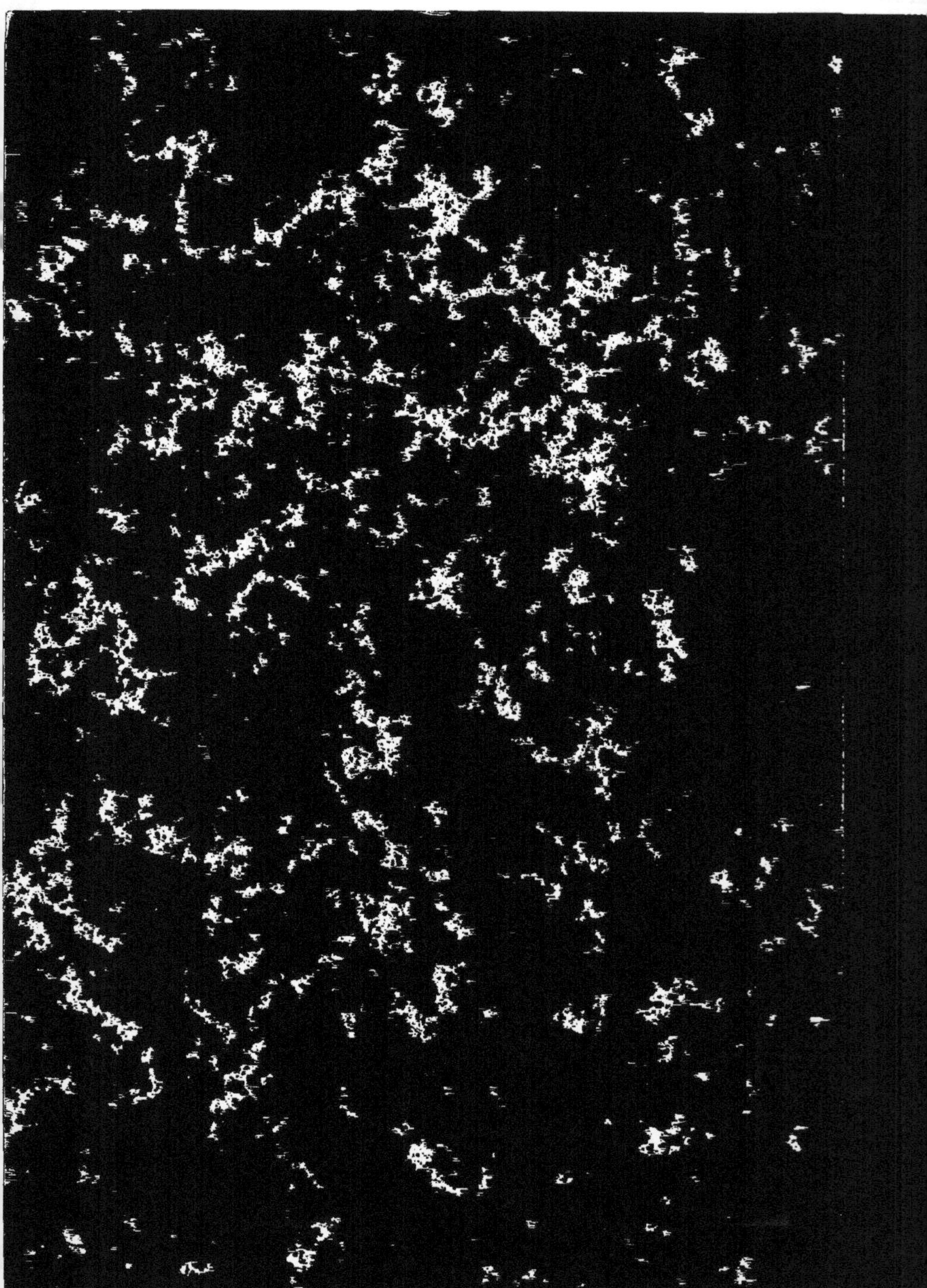